人气甜品师
的极简烘焙创意

名店 Opera 甜品精选

人气甜品师
的极简烘焙创意

名店Opera甜品精选

［法］塞德里克·格罗莱（Cedric Grolet）著　王文佳 译

华中科技大学出版社
http://www.hustp.com
中国·武汉

有书至美
BOOK & BEAUTY

P

A

PREFACE

P FA 前言

有两个问题是我经常被问到的：

"你最喜欢哪种蛋糕？"
"真正的塞德里克什么样？"

第一个问题很好回答，我最喜欢焦糖奶油蛋糕（crème caramel）。塞德里克也是最喜欢它。我有个建议，千万别把一盘焦糖奶油蛋糕留下，因为那样的话我们就得两个人一起吃了……

第二个问题就难回答得多了！他什么都沾点儿边，而且他向世界展示自己不同的面貌。

我所认识的塞德里克，是这样的：

— 简单

这是最适合他的定义。

— 真诚

我认为他就像这本书一样真诚，而我确信他就像我们的关系一样真诚。

— 爱吃

尽管这一点在我身上比在他身上体现得更明显！（笑）

— 值得信任

他就像兄弟。对我来说，选择他做我儿子的教父是显而易见的。

— 充满激情

他甚至能做出仿真甜品，比如著名的仿真百香果。

— 善于协作

帮助塞德里克走到今天的关键，是他建立并且得以保持的团队。他的核心竞争力，是八年的忠诚服务，数千个蛋糕，以及同样多的欢笑。

— 尊重他人

尊重他人的能力和弱点，懂得倾听，每日每月，每时每刻。

— 慷慨

他在他的身边给我保留了一个令人难以想象、任我发光发热的位置。

— 勤奋

我们办公室的墙上还写着一句话，特别能够总结我们的观点："默默地认真工作，你的工作就会开花结果。"

— 幸运

然而这种幸运并非从天而降，是他自己一点一滴地塑造而成的。

— 创意无限

我们称他为2.0甜品师，因为他从不发明新的甜品，而是将已经存在的甜品进行改良。还有，放松，因为每天跟他一起工作非常放松！

将我们连接在一起的，是伟大的、真正的、不断增长的友谊。能够为《人气甜品师的极简烘焙创意：名店Opera甜品精选》，为我生命中最重要的人之一撰写前言是我的荣幸和骄傲。

我写得很简单，因为塞德里克和我都不太喜欢复杂的东西。

塞德里克·格罗莱，感谢你带给我的一切。

另外：你肯定不记得了，
但我九年前，
曾经写信跟你说过，
我梦想着跟你一起工作。

照片摄于巴黎洲际大酒店。

照片摄于巴黎洲际大酒店。

　　通过这本书——《人气甜品师的极简烘焙创意：名店Opera甜品精选》，我翻开了新的一页。我的第一本书《水果进行曲》介绍了一些复杂甜品的制作方法，这些殿堂式的甜点需要技巧、准确和精益求精的态度才能做成。《人气甜品师的极简烘焙创意：名店Opera甜品精选》标志着我进入另一个天地——面包和糕点的天地。差别更大的是，这本书所描写的制作糕点的崭新方式，见证着我更加贴近产品本身的意愿。我向您展示的甜品和创意既不保守，也非五彩斑斓。我希望最大限度地减少制作步骤，使我能够尽可能地贴近产品本身，贴近它的质地，它的新鲜度，它的味道。不论是面包还是糕点，每一款都经过我的深思熟虑，以便能够采用尽可能简单的方式在家完成。水果冰沙甜度不高，只在结尾处才需要用搅拌机搅拌，因此应该可以给您以如同真正水果入口的感觉。其他食谱——无论是餐末甜食、饼干还是快速组装的甜品，都只集中于一种味道，以便将其完全突出。《水果进行曲》在出版时，展示了一种极其现代的技巧，以及未来的甜品应有的面貌。而《人气甜品师的极简烘焙创意：名店Opera甜品精选》展示的则是过去和现在的甜品：后退一步，才能回归本质。而对我来说，所谓的本质，其实就是追求真实。

　　这代表着我作为甜品师努力的新方向：直接达到目的。我与我的团队一起，不断尝试新食谱，质疑一切，以期望获得最为纯粹的味道，同时又能尊重食材的季节性。我的甜品的简化同样也体现在静置和冷冻时间的缩短，从而最终实现更为"即时"的品尝效果。由此，我发现自己需要摆脱在莫里斯酒店多年以来所学的束缚。这并不是说需要全盘推翻才能做到更好，而是应当选取另一个角度，营造一片不同的天地。想要做到这一点，最简单的不就是开一家新店吗？一个崭新的创作空间，能够让我带领消费者以一种崭新的方式，领略更为纯粹、更为原始的甜品。

OPΞRA

这个新店，就是"Opera"。

开一家完全与新书出版相关的新店，并且书的名称和宗旨都与店相契合。

"**Opera**"（歌剧院）既是一款神秘与奇特兼具的蛋糕，也是一种特殊的巴黎气氛。音乐、艺术与美景围绕在歌剧院的四周，歌剧院还是一个浸透历史的地方。我曾经想要创作一款甜品，以巴黎歌剧院之于我的一切作为意象，或者从更广阔的范围，以其所生发出的集体想象作为意象。正如书中的食谱一样，我打算在这家店里提供贴近人群的甜品。蛋糕、糕点、面包：一切都是人人熟悉的产品，但却未能符合今天人们的口味。我的做法并非重新创作所有食谱，而是使其变得更加成熟，从而回归纯正。我的目标，是每位顾客在品尝一只牛角面包时，能够感受到纯正法式甜品的味道，以及现代而熟练的技艺。这就意味着我需要的只是数量有限的食谱，但是每一份都要精益求精：精确到分钟，并且能在顾客面前完成，使他获得超越产品本身的味觉体验。他在观看甜品师制作的过程中，能够更加靠近甜品的质地和味道，从而完全沉浸在这个特殊的环境之中。

我希望您手中的这本书也能够保持这种特殊性。因此，书中的食谱都非常简单，但是有用。食谱按照每天每个时段在我店中出品的节奏，分章节呈现：7:00，最先供应的是早餐的甜酥面包；11:00，糕点；15:00，快速组装的甜品以及下午茶的水果冰沙；最后到了17:00，则是当天最后一炉面包。

《人气甜品师的极简烘焙创意：名店Opera甜品精选》于我而言是一次转折，让我得以经历一次全新的体验。无论是书还是店，我的处世哲学始终不变：打破常规，质疑一切，从而做出前所未见、令人惊奇的新东西。

7H

11H

15H

17H

7H
甜酥面包

可颂 023

巧克力面包 025

葡萄干卷 029

可颂

可颂面团

1千克T45面粉
420克水
50克鸡蛋
45克面包酵母
18克盐
100克细砂糖
20克蜂蜜
70克软化黄油
400克起酥黄油

蛋黄浆

150克蛋黄
15克鲜奶油

SA TS　　　CROiSSANTS 可颂　　　*7:00*

可颂面团

按照第254页的说明制作可颂面团。

蛋黄浆

在搅拌碗里用手动打蛋器将蛋黄和鲜奶油混合。

组装

将面团切成多个底边长7厘米、高35厘米的三角形。将三角形从底部向上卷，做成可颂的形状。在26℃下静置2小时。

完成和烘烤

将烤箱预热至175℃。将可颂放在铺着烘焙纸的烤盘上，用刷子在每个面包上刷上薄薄一层蛋黄浆。将面包放进烤箱烤15分钟。

从烤箱中取出可颂，将其从烘焙纸上剥离，放在烤架上冷却。

制作 12 个

准备时间：40 分钟

烘烤时间：15 分钟

静置时间：1 小时 30 分钟 + 1 小时 30 分钟

巧克力面包

可颂面团

1千克T45面粉
420克水
50克鸡蛋
100克细砂糖
45克面包酵母
18克盐
20克蜂蜜
70克软化黄油
400克起酥黄油
36块巧克力

蛋黄浆

150克蛋黄
15克鲜奶油

PAiNS AU
CHOCOLAT 巧克力面包

T

可颂面团

按照第254页的说明制作可颂面团。

蛋黄浆

在搅拌碗里用手动打蛋器将蛋黄和鲜奶油混合。

完成和烘烤

将面团切成多个20厘米×7厘米的矩形。将矩形沿着较长一边的方向竖着摆放，将一块巧克力放在接近其边缘的位置，卷起大约2厘米，再放一块巧克力，再卷起2厘米，再放第三块巧克力，重复下去，直至做成小面包的形状。在26℃下静置大约1小时30分钟。将烤箱预热至175℃。

将面包放在铺着烘焙纸的烤盘上，用刷子在每个面包上刷上薄薄一层蛋黄浆。将面包放进烤箱烤15分钟。从烤箱中取出面包，将其从烘焙纸上剥离，放在烤架上冷却。

PiNS

VIEN   IT NOISERIES
IT N   IC   VIENNOISERIES
VIEN ISE   VIENNOISERIES
VI NNO   I   IT NOISERIES
V ENNOISE   I   IT N SERIES
VIC   I R   VIC OI ERIES
VIENNOISE   IT   OISE
VIENNOIS RIES   ISERIES
VIENN IC   ISERIES
VIENNOISE   IEN   ISERIES
VIENNOISERIES VIEN   ISERIES
VIENNOI RIES V   RIES
VI   S   I   VIEN OISE   S
     ISERIES I NOISERIES
     OISERIES VI NOISERIES
VI NNOISER   V   I RIES
VIENNOISE   OI ERIES
VIENNOISE   ISERIES

准备时间：2 小时

烘烤时间：15 分钟

静置时间：1 小时 30 分钟 + 3 小时 50 分钟

葡萄干卷

千层布里欧修面团

825克T45面粉
12克细盐
50克细砂糖
150克鸡蛋
300克牛奶
75克面包酵母
75克软化黄油
450克起酥黄油

葡萄干

200克葡萄干
500克温水

糕点奶油

450克牛奶
50克鲜奶油
2根香草荚
90克糖
25克奶油粉
25克面粉
90克蛋黄
30克可可黄油
4片吉利丁片
50克黄油
30克马斯卡彭奶酪

ROULĒS
葡萄干卷 AUX

RAiSiNS

千层布里欧修面团　　　　　　　　　　　7:00

按照第254页的说明制作千层布里欧修面团。

葡萄干

将葡萄干放在温水里浸泡1小时，使其膨胀。

糕点奶油

将吉利丁片放在冷水里，使其膨胀。

在深口平底锅里将牛奶与鲜奶油一起加热，放入剖开刮籽的香草荚浸泡20分钟。在搅拌碗里将糖、奶油粉、面粉和蛋黄混合，搅拌直至变白。将牛奶、奶油和香草的混合物过筛，随后趁其沸腾，将其浇在搅拌至变白的混合物上面。将由此得到的混合物倒入深口平底锅中，煮沸2分钟。离火，放入可可黄油，随后放入沥干的吉利丁片和黄油，最后放入马斯卡彭奶酪。用手持料理机搅拌，放进冰箱冷却30分钟。

组装和完成

将面团擀成3.5毫米厚，用刮铲在其整个表面涂上薄薄一层糕点奶油。撒上沥干的葡萄干，随后将面团紧紧地卷起，做成香肠的形状。将其裹在烘焙纸里，放入冷柜冷冻20分钟。

将半冷冻的面肠切成4厘米宽的小段，将其放在涂过黄油的圆环模具里，蒙上厨房布，在26℃下静置2小时。

将烤箱预热至175℃，将面团段放进烤箱烤15分钟。

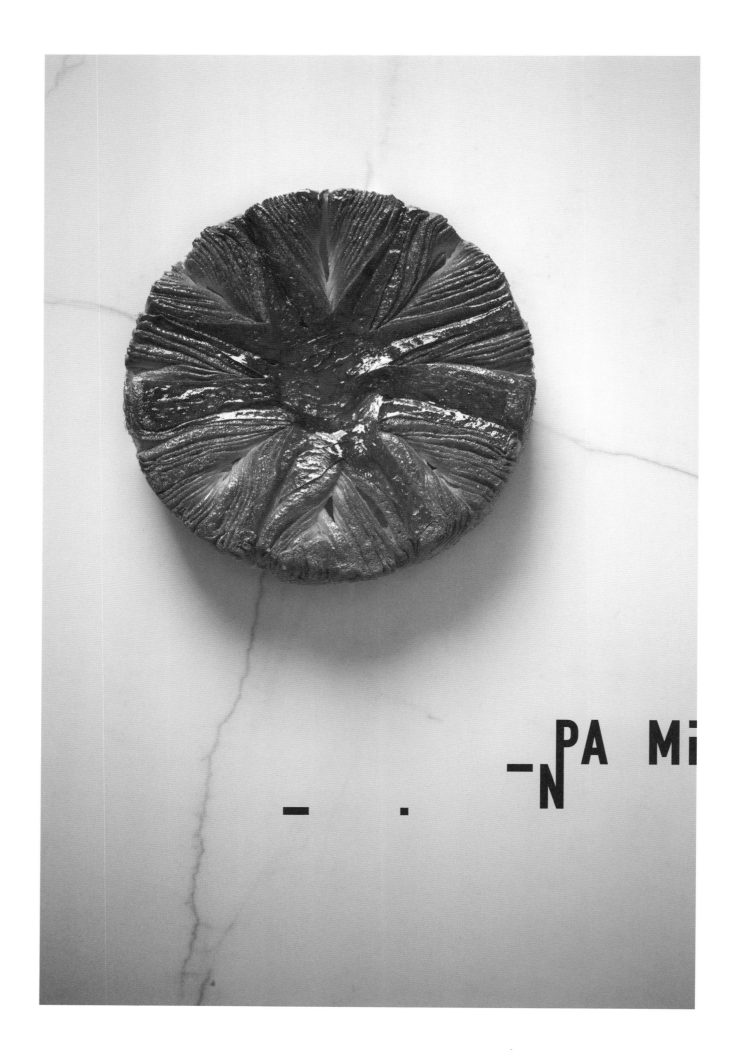

准备时间：45 分钟

烘烤时间：20 分钟

静置时间：4 小时

 -N PA Mi
-N

星形棕叶纹油酥饼

千层酥

- 黄油面团
330克起酥黄油
135克精白面粉
- 外层面团
130克水
12克盐
3克白醋
102克软黄油
315克精白面粉
100克粗砂糖
100克红糖

PALMIER
EN

星形棕叶纹油酥饼
ÉTOILE

7:00

千层酥

用带扁桨的搅拌机将起酥黄油和精白面粉一起搅拌大约10分钟。将做成的黄油面团用擀面杖擀成大小为40厘米×115厘米，厚度为10毫米的矩形。

用带和面桨的搅拌机将制作外层面团所需的所有配料一起搅拌大约15分钟，直至形成光滑的面团。

将外层面团擀成边长38厘米，厚度10毫米的正方形。将其放在黄油面团的中心，随后将黄油面团的各边卷起，将外层面团围在中间。

制作4单层酥皮的千层酥。先将做好的面团擀平，随后将其向内折叠，做出第1层。放进冰箱冷藏1小时。

重复上述做法做出第2层。随后在制作之后的两层时，每次都撒入提前混合的粗砂糖和红糖。每做两层之间都一定要冷藏1小时。将千层酥擀成4毫米厚。

组装和完成

将烤箱预热至180℃。将千层酥切成14厘米×7.5厘米的长条。将每个长条扭一圈，将其叠在一起组成一个圆环，并将中心捏紧。将圆环放在圆形不粘模具里。放进烤箱烤20分钟。将油酥饼从烤箱中取出，放在烤架上冷却。

i

制作 10 个

准备时间：1 小时

烘烤时间：25 分钟

静置时间：1 小时 30 分钟 + 2 小时

覆盆子卷

可颂面团

1千克T45面粉

420克水

50克鸡蛋

50克细砂糖

18克细盐

45克面包酵母

20克蜂蜜

70克软化黄油

400克起酥黄油

75克老面

50克红糖

香脂醋覆盆子果酱

150克覆盆子汁

300克糖

1千克冷冻覆盆子

100克葡萄糖粉

6克NH果胶

50克香脂醋

组装和完成

黄油

细砂糖

FRAMBOISE
ROULÉS 覆盆子卷

可颂面团

按照第254页的说明制作可颂面团。

香脂醋覆盆子果酱

在深口平底锅里倒入糖和覆盆子汁，加热至115℃。放入冷冻覆盆子。待覆盆子开始出水时，放入葡萄糖粉、NH果胶和香脂醋。加热至104℃。

组装和完成

将面团纵向擀成大小为40厘米×20厘米，3.5毫米厚的矩形。在矩形面皮上涂上薄薄一层覆盆子果酱，将剩余的果酱装入裱花袋里。将面团从上往下紧紧卷起来，做成面肠的形状。将面肠切成4厘米的小段（如果面团太软，可以将其放入冷柜冷冻几分钟，这样比较好切）。将面团小段放在直径6厘米、抹过黄油和细砂糖的圆环模具里，在室温下静置2小时。将烤箱预热至175℃。将模具放进烤箱烤25分钟。从烤箱中将面包卷取出，用裱花袋将覆盆子果酱从下方挤入面包卷当中。将覆盆子卷放在烤架上冷却。

制作 8 人份

准备时间：45 分钟

烘烤时间：25 分钟

静置时间：1 小时 30 分钟

条纹苹果馅饼

可颂面团

1千克T45面粉

420克水

50克鸡蛋

100克细砂糖

45克面包酵母

18克细盐

20克蜂蜜

70克软化黄油

400克起酥黄油

苹果泥

500克苹果

60克糖

1个黄柠檬，取汁

装饰

细砂糖

RAYE

AUX
X
A

POMMES   P MM   *7:00*

条纹苹果馅饼

可颂面团

按照第254页的说明制作可颂面团。做好之后，将面团擀成4毫米厚。用切模将面团切成数量相同的直径为10厘米和12厘米的圆片。

苹果泥

在深口平底锅里放入切块的苹果和黄柠檬汁，倒入糖，搅拌均匀。文火加热，直至变成果泥。

组装和烘烤

将烤箱预热至180℃。将果泥涂在直径12厘米的面团上，随后放上直径10厘米的面团，将下方面团多出的2厘米边缘向内卷起，使两个面团结合在一起。将整个面团翻转过来，撒上细砂糖，用刀划出条纹，放进烤箱烤25分钟。

制作 8 个

准备时间：40 分钟

烘烤时间：25 分钟

静置时间：3 小时 15 分钟

布列塔尼黄油酥饼

布列塔尼黄油酥饼面团
1千克T45面粉
420克水
50克鸡蛋
18克盐
45克面包酵母
50克细砂糖
50克红糖（1）
20克蜂蜜
70克软化黄油
15克香草糖
400克起酥黄油
330克盐之花黄油
100克红糖（2）
150克粗砂糖

KOUIGN
AMANN　布列塔尼黄油酥饼

7:00

布列塔尼黄油酥饼面团

按照可颂的方式制作布列塔尼黄油酥饼面团（参见第254页）。在制作2单层酥皮时，放入165克融化的盐之花黄油、50克红糖（2）、7.5克香草糖和75克粗砂糖。将面团在上方1/3处折起，随后将底部向上折。放进冰箱冷藏30分钟。用剩下的配料将上述做法重复1次。将面团擀成3.5毫米厚。

放进冰箱冷藏45分钟。

组装和烘烤

将烤箱预热至180℃。将面团切成边长12厘米的小方块，制作酥饼外层：将方块的各边向中心折叠，将每个边的中间用刀切开。将其放在涂过油的圆环模具里，在室温下静置1小时30分钟。放进烤箱烤25分钟。从烤箱中将油酥饼取出，趁热取下圆环模具，放在烤架上冷却。

制作 10 个

准备时间：3 小时

烘烤时间：20 分钟

静置时间：1 小时 30 分钟 + 2 小时

苹果卷边馅饼

可颂面团

1千克T45面粉
420克水
50克鸡蛋
45克面包酵母
18克细盐
100克细砂糖
20克蜂蜜
70克软化黄油
400克起酥黄油

内馅

5个放置较久的苹果
200克粗砂糖
1克肉桂粉

蛋黄浆

150克蛋黄
45克鲜奶油
10克蜂蜜

C AU S   CHAUSSONS
苹果卷边馅饼

可颂面团

按照第254页的说明制作可颂面团。将面团擀至5毫米厚，随后用切模切成卷边馅饼的形状。

内馅

苹果去皮，切成两半，去核。将每一半都裹上提前混合的粗砂糖和肉桂粉。

蛋黄浆

在搅拌碗里放入蛋黄、鲜奶油和蜂蜜，用打蛋器搅拌均匀，随后过筛。

组装和完成

将裹满粗砂糖和肉桂粉的半个苹果放在提前切好的面团当中，像包饺子一样将面团折叠，用手指稍稍蘸湿面团的边缘，将其捏紧。将卷边馅饼放在铺着烘焙纸的烤盘上。用刷子在每一面刷上一半蛋黄浆，另一半不刷。放进冰箱冷藏2小时。

将烤箱预热至175℃。将卷边馅饼从冰箱里取出，再刷一层蛋黄浆，用刀在其背部划出条纹。放进烤箱烤20分钟。从烤箱中将馅饼取出，放在烤架上冷却。

制作10个

准备时间：1小时30分钟

烘烤时间：25分钟

静置时间：1小时30分钟＋1小时30分钟

Pi N

松子杏饼

可颂面团

1千克T45面粉

420克水

50克鸡蛋

100克细砂糖

45克面包酵母

18克盐

20克蜂蜜

70克软化黄油

400克起酥黄油

杏肉内馅

10克有机杏

400克粗砂糖

2克迷迭香粉

50克松子

杏泥镜面

200克杏泥

45克葡萄糖

60克细砂糖

3克NH果胶

ABRICOTS

PiGNONS
AUX 松子杏饼

7:00

可颂面团

在带和面浆的搅拌机里放入面粉、水、鸡蛋、面包酵母、盐、细砂糖和蜂蜜。用1挡速度搅拌，直至形成光滑的面团，随后用2挡速度搅拌，直至面团不粘搅拌机内壁。放入软化黄油，继续搅拌，直至形成光滑的面团。蒙上潮湿的厨房布，随后在室温下（24至25℃）静置1小时。用手揉面，随后将面团擀成与起酥黄油同宽、长度是其两倍的面皮。将面皮放进冷柜冷冻5分钟，随后放进冰箱冷藏15分钟。

将起酥黄油放在面皮中心，将面皮的各边折向中间，包裹起酥黄油。将有黄油的一面朝向自己。用擀面杖制作单层酥皮：由下至上擀，直至擀成大约7毫米厚。在面皮中心做一个轻微的参考记号，将上方和下方的面皮折向中间的这个记号，随后将面皮像钱包一样再次折叠，放进冰箱冷藏10分钟。最后制作单层酥皮：将面团擀成1厘米厚，将上方在1/3处折起，随后从下向上折叠，直接擀成5毫米厚的面皮。

杏肉内馅

将粗砂糖和迷迭香粉混合，拌入去核的杏肉。撒上少许松子。

杏泥镜面

在深口平底锅里将杏泥与葡萄糖一起加热。另外将细砂糖和温热的NH果胶混合，随后将该混合物放入深口平底锅中。煮沸几分钟，放进冰箱冷藏备用。

组装和完成

待面团静置好后，将其擀成5毫米厚，随后切成25厘米×4厘米的长条。将每条面皮做成一个面卷：将杏肉内馅放在面团底部并卷起来，这样杏肉就会留在酥饼内部。将其放在一个温度较高（26℃）、湿度较大的地方，静置大约1小时30分钟。将烤箱预热至175℃。将酥饼放在铺有烘焙纸的烤盘上。放进烤箱烤25分钟。从烤箱中取出，用刷子在每个酥饼上刷上杏泥镜面。

FL N F   iLLETE   FLAN FEUiLLETE
        F   iLLETE   FLAN FEUiL
              TE   FLAN FEUiLLE c
   LA   EUiLL TE   FLAN FE iLL ETE
F A   i L   FLAN UiL cTE
FL   -   FLA F U
FLAN F   FLA F
FLAN FEUiL   FE i
FLAN FE   L
FLAN F Ui L   A FEU   T
   AN FEUi ET   LA FEUi cT
FL N FE i   E   F   F U   ETc
        iL   FL   ETc
                  F   FEUiL
                  LAN FEUiL
FLA   A FEUiLLET
F A   F LLE
  A   FLA FE   TE
FL N   FL F UiLL T
F   FLAN   i ET
  AN

制作 20 个小蛋糕（或者 4 个大蛋糕）

准备时间：1 小时 10 分钟

烘烤时间：25 ~ 30 分钟

静置时间：1 小时

千层芙朗蛋糕

千层布里欧修面团

825克T45面粉
12克细盐
50克细砂糖
150克鸡蛋
300克牛奶
75克面包酵母
75克软化黄油
450克起酥黄油

芙朗内馅

2千克牛奶
10根马达加斯加香草荚
360克细砂糖
400克鸡蛋
200克奶油粉
200克黄油
25克香草籽

完成

黄油少许
糖少许

FLANS FEUILLETES
千层芙朗蛋糕

千层布里欧修面团

按照第254页的说明制作千层布里欧修面团。

芙朗内馅

在深口平底锅里将牛奶与完整的香草荚（剖开刮籽）一起煮沸，随后用手持料理机打碎。将其浇在鸡蛋、细砂糖和奶油粉的混合物上。将混合物加热直至沸腾。离火，放入黄油和香草籽。用料理机打碎。

完成和烘烤

将烤箱预热至180℃。将面团放在抹过黄油和糖的圆环模具里，面团需要高出模具，随后在模具内放入芙朗内馅。用裁纸刀切掉超出模具的不规则的面团。将其放进烤箱烤25～30分钟。

准备时间：25 分钟

烘烤时间：50 分钟

杏仁刺猬蛋糕

四分四（quatre-quatre）面团

4个鸡蛋
250克T55面粉
250克半盐黄油
150克非精炼糖

杏仁糖衣

300克杏仁
100克糖粉
50克红糖

组装

80克切成两半的杏仁
黄油少许

HĒRiSSON

杏仁刺猬蛋糕
AMANDES

A ND S

AM ̄S

四分四面团

按照第256页的说明制作四分四面团。

杏仁糖衣

将烤箱预热至165℃。将杏仁放在烤盘上，放进烤箱烤15分钟。随后用粉碎搅拌机将其与红糖和糖粉一起打碎。将做好的杏仁糖衣倒在裱花袋里。

组装和完成

将烤箱预热至180℃。将面团放在提前抹过黄油的小型热那亚蛋糕模具里，放进烤箱烤35分钟。

从烤箱中将蛋糕取出，趁热填入杏仁糖衣：将裱花袋里的糖衣直接挤入蛋糕当中。随后在蛋糕上竖直插入切成两半的杏仁，做成刺猬的形状。

准备时间：1 小时 30 分钟

烘烤时间：25 分钟

静置时间：5 小时 30 分钟 + 2 小时 50 分钟

谷物卷

可颂面团

1千克T45面粉
420克水
50克鸡蛋
100克细砂糖
45克面包酵母
18克盐
20克蜂蜜
70克软化黄油
400克起酥黄油

糕点奶油

900克牛奶
100克奶油
4根香草荚
180克糖
50克奶油粉
50克面粉
180克蛋黄
60克可可黄油
8片吉利丁片
100克黄油
60克马斯卡彭奶酪

混合谷物

120克亚麻籽
90克葵花籽
70克松子
55克黑芝麻
55克白芝麻
25克奇亚籽

ROULÉS
AUX
RUS
R U
S

AUX CÉRÉALES —

7:00

谷物卷

可颂面团

按照第254页的说明制作可颂面团。

用擀面杖将起酥黄油擀成与外层面团同样宽度，但是长度只有一半的矩形，将其放在外层面团的中心。将冷藏过的外层面团的各边向中间的黄油折叠，将黄油完全包裹。将面团擀成2厘米厚的矩形，随后将其折成3层，冷藏2小时。重复上述做法2次，将可颂面团做成3层酥皮，每两层之间都要冷藏2小时。

糕点奶油

将吉利丁片放在冷水里使其膨胀。在深口平底锅里将牛奶与奶油一起加热，放入剖开刮籽的香草荚浸泡20分钟。与此同时，将糖、奶油粉、面粉和蛋黄混合，搅拌直至变白。将牛奶、奶油和香草荚的混合物过筛，随后趁其沸腾，浇在搅拌至变白的混合物上面。将由此得到的混合物倒入深口平底锅中，煮沸2分钟。离火，放入可可黄油，随后放入沥干的吉利丁片，接着放入黄油，最后放入马斯卡彭奶酪。用手持料理机打碎，立即放进冰箱冷却30分钟。

组装和完成

将可颂面团擀成3.5毫米厚的矩形，用刮铲在其整个表面涂上薄薄一层糕点奶油。撒上混合谷物，随后将面团紧紧地卷起，做成香肠的形状。将其放入冷柜冷冻20分钟。

将半冷冻的面肠切成4厘米宽的小段，放在涂过黄油的圆环模具里，蒙上厨房布，在28℃下静置2小时。

将烤箱预热至175℃，将谷物卷放进烤箱烤25分钟。

ROULÉS

柠檬卷

可颂面团

1千克T45面粉
420克水
50克鸡蛋
50克细砂糖
45克面包酵母
18克细盐
20克蜂蜜
70克软化黄油
500克起酥黄油
50克红糖
75克天然酵母

柠檬奶油

550克黄柠檬汁
4个黄柠檬的皮屑
180克蛋黄
180克糖
50克奶油粉
50克面粉
25克土豆淀粉
60克可可黄油
6片吉利丁片
100克黄油
60克马斯卡彭奶酪

组装

细砂糖
黄油

CiTRON 柠檬卷　　　　　iT　　N　　*7:00*

可颂面团

按照第254页的说明制作可颂面团。

柠檬奶油

将吉利丁片放在冷水里使其膨胀。在平底深口锅里将柠檬汁与柠檬皮一起加热，然后放入蛋黄、糖、奶油粉、面粉和土豆淀粉。煮沸2分钟，放入可可黄油，搅拌均匀。放入沥干的吉利丁片，随后放入黄油，最后放入马斯卡彭奶酪。用料理机打碎，使其快速冷却。将做好的柠檬奶油倒在烘焙纸上，卷成直径2厘米的圆柱体，用胶带固定，将其放进冷柜冷冻1小时。

组装和完成

将面团擀成3.5毫米厚的面皮，再切成20厘米x5厘米的矩形。将冷冻后的柠檬奶油圆柱体切成5厘米的小块。将奶油小块放在矩形面团上，卷起来。静置大约2小时。将烤箱预热至175℃。

将每个柠檬卷放在直径6厘米，抹过黄油和细砂糖的圆环模具里，放进烤箱烤25分钟。将柠檬卷从烤箱中取出，裹上细砂糖。

准备时间：3 小时 30 分钟

烘烤时间：25 分钟

静置时间：1 小时 + 1 小时 30 分钟

千层王冠饼

千层布里欧修

500克T45面粉
6克细盐
30克细砂糖
2个鸡蛋
120克牛奶
14克面包酵母
30克软化黄油
300克柑橘类水果起酥黄油

柑橘类水果起酥黄油

300克起酥黄油
3个青柠檬的皮
3个黄柠檬的皮
1个柚子的皮
1个橙子的皮

组装和烘烤

糖少许
黄油少许

COURONNE

FEUILLETEE 千层王冠饼

7:00

.

柑橘类水果起酥黄油

用搅拌机将所有配料一起搅拌3分钟。

千层布里欧修

按照第254页的说明制作千层布里欧修面团。

组装和烘烤

将面团擀好后，切成5厘米×12厘米的长条。将长条卷好之后，放在提前抹过黄油和糖的王冠蛋糕模具里。在26℃下静置1小时30分钟。将烤箱预热至180℃，将其放进烤箱烤25分钟。

超大号玛德琳蛋糕

250克黄油
37克巴黎歌剧院蜂蜜（Béton）
180克鸡蛋
75克牛奶
65克糖
250克T45面粉
12克化学酵母
5克香草酱

MADELEINE

超大号玛德琳蛋糕

XL
X
L

7:00

超大号玛德琳蛋糕

用平底深口锅加热黄油，做成榛子黄油。离火，随后放入巴黎歌剧院蜂蜜，使其融化。将烤箱预热至200℃。

在搅拌碗里将室温下的鸡蛋、室温下的牛奶和糖混合，放入筛过的面粉、化学酵母和香草酱，随后放入室温下的榛子黄油和蜂蜜的混合物。将混合物倒入大号玛德琳蛋糕模具里。

将蛋糕放进烤箱烤10分钟。烤好后，在烤箱里将烤盘翻转过来，以同样的温度再烤5分钟。待烤好后，将蛋糕留在关火的烤箱中4分钟。

制作 3 个中等大小的布里欧修

准备时间：1 小时

烘烤时间：12 ~ 13 分钟

静置时间：1 小时 + 2 小时 30 分钟

糖衣布里欧修

布里欧修面团

430克T45面粉
10.5克盐
50克砂糖
200克鸡蛋
65克全脂牛奶
17克有机面包酵母
215克黄油

完成

100克碾碎的玫瑰糖衣
黄油少许

PRALINES
EN 糖衣布里欧修

BRIOCHE

布里欧修面团

按照第254页的说明制作布里欧修面团。

组装和完成

将面团切成3个350克的小块，揉成面球。将面球放进提前抹过黄油的铝制圆形模具里，在室温下（大约24℃）静置2小时30分钟。

将烤箱提前预热至170℃。在每个面球上撒上玫瑰糖衣。将其放进烤箱烤12~13分钟。

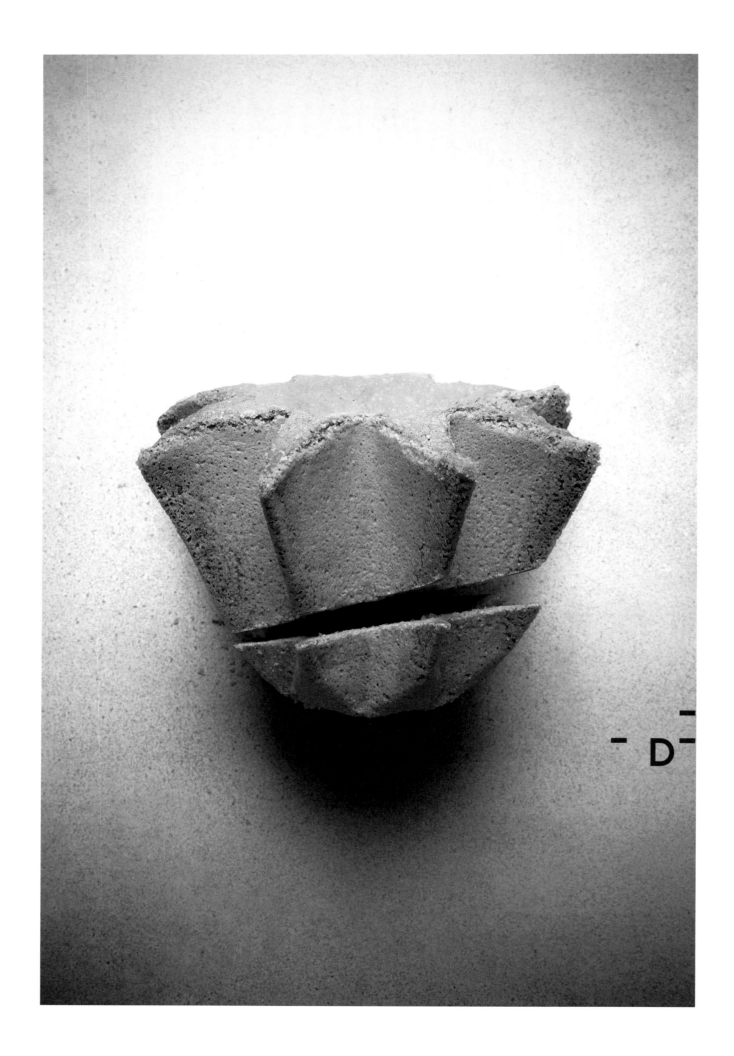

准备时间：15 分钟

烘烤时间：35 分钟

D

萨瓦蛋糕

面团

290克蛋清
150克红糖
100克T45面粉
90克栗子面粉
150克黑糖
130克榛子黄油
3根香草荚

完成

黄油
粗砂糖
糖粉

GÂTEAU
TE U
T AU

U 萨瓦蛋糕

7:00

DE

面团

用带球桨的搅拌机将蛋清打发，放入红糖使其变得紧实。再撒入T45面粉、栗子面粉、黑糖、榛子奶油和剖开并刮籽的香草荚。

完成和烘烤

将烤箱预热至175℃。将面团放进提前抹过黄油和粗砂糖的大号星形模具里。将糖粉撒在面团上。将模具放进烤箱烤35分钟。从烤箱里取出，脱模，放在烤架上冷却。

制作 10 个

准备时间：40 分钟

烘烤时间：35 分钟

静置时间：1 小时 + 24 小时 + 45 分钟

D⁻

撒糖咕咕霍夫

布里欧修面团

1千克T45面粉
25克盐
120克细砂糖
40克有机面包酵母
450克鸡蛋
150克全脂牛奶
500克黄油
100克金色葡萄干
100克黑色葡萄干
48克朗姆酒
2个黄柠檬的皮
2个橙子的皮

完成和烘烤

细砂糖
黄油

KOUGLOFS

K   L   FS

S   撒糖咕咕霍夫

POUDRĒS

7:00

布里欧修面团

前一天按照第254页的说明制作布里欧修面团，注意在揉面时放入朗姆酒。用深口平底锅将水煮沸，放入葡萄干煮2~3分钟。将葡萄干沥干。在面团中放入煮过的葡萄干以及橙子皮和柠檬皮。放进冰箱冷藏24小时。

完成和烘烤

烤箱预热至180℃。将面团分成小球，放进提前抹过黄油和细砂糖的小号咕咕霍夫模具里。在室温下静置45分钟。将模具放进烤箱烤35分钟。

将咕咕霍夫从烤箱中取出，脱模，撒上细砂糖。

制作 6 个

准备时间：30 分钟

烘烤时间：4 分钟

静置时间：2 小时

PAN

松饼

400克面粉
150克糖
2克盐
10克化学酵母
8个鸡蛋
500克牛奶
100克黄油
1根香草荚
2个橙子的皮屑

CAKES 松饼

S

松饼

　　用带扁桨的搅拌机将面粉、糖、盐、化学酵母一起搅拌均匀。用深口平底锅加热牛奶，放入黄油使其融化，放至温热，倒入搅拌机里。打入鸡蛋，一起搅拌均匀。放入剖开刮籽的香草荚和橙皮屑。放进冰箱冷藏2小时。

　　在浅口平底锅里放入黄油并煎制松饼，每次将一勺面糊放在锅中央，通过转锅将面糊转到锅边。松饼应当较厚。待一面煎熟并稍呈金色时，用刮铲将松饼翻转并将另一面再煎几分钟。

M

尚塔尔妈妈的酸奶蛋糕

160克T65面粉
4个鸡蛋
150克农场酸奶
20克化学酵母
20克橄榄油
150克粗砂糖
80克黄油

GĀTEAU AU YAOURT

尚塔尔（CHANTAL）妈妈的酸奶蛋糕

DE MAMAN CHANTAL

尚塔尔（CHANTAL）妈妈的酸奶蛋糕

将烤箱预热至180℃。

在带扁桨的搅拌机里按顺序放入所有配料，搅拌均匀，直至形成光滑的面团。将面团放进祖母蛋糕一类的老式模具中或者您喜欢的黄铜或铁质蛋糕模具里。将其放进烤箱烤35分钟。

准备时间：30 分钟

烘烤时间：45 分钟

静置时间：15 分钟

香草巧克力大理石蛋糕

巧克力蛋糕

200克鸡蛋

60克转化糖浆（Trimoline）

100克糖

60克杏仁粉

95克T45面粉

7克化学酵母

20克可可粉

95克高温瞬时灭菌奶油（UHT）

60克葡萄籽油

40克圭那亚巧克力

香草蛋糕

200克鸡蛋

60克转化糖浆

100克糖

60克杏仁粉

115克T45面粉

7克化学酵母

100克高温瞬时灭菌奶油

60克葡萄籽油

2根香草荚

40克白巧克力

软化黄油

15克黄油

M MARBRĒ RT

7:00

香草巧克力大理石蛋糕

巧克力蛋糕

首先用带扁浆的搅拌机将鸡蛋、转化糖浆、糖和杏仁粉一起搅拌均匀。然后将面粉、化学酵母和可可粉一起搅拌均匀，将两种混合物混合。放入室温下的高温瞬间灭菌奶油，再次搅拌均匀。倒入葡萄籽油。最后放入提前融化的圭那亚巧克力（将巧克力放在深口平底锅里，然后放在蒸锅里隔水融化）。

香草蛋糕

按照"巧克力蛋糕"第一种混合物中的方法制作面糊。

在第二种混合物里放入香草荚（剖开刮籽的香草荚）和融化的白巧克力。随后按照上文的说明继续制作。

制作大理石花纹和烘烤

将巧克力蛋糕面糊放入提前抹过黄油的蛋糕模具的底部，随后放入香草蛋糕面糊。重复上述步骤2次：一共放入6层。用刀插入面糊之间，呈锯齿形来回移动，以制作大理石花纹。

准备软化黄油，将其放进不带裱花嘴的裱花袋里，在裱花袋底部扎一个洞，在蛋糕上纵向挤出一条黄油。

将热风循环烤箱预热至180℃。将蛋糕放进烤箱烤20分钟。随后将温度降至160℃，再烤大约25分钟。

小窍门

在模具上抹黄油和面粉，能让面团不粘模具。

品尝之前将蛋糕静置15分钟。

11H

糕点

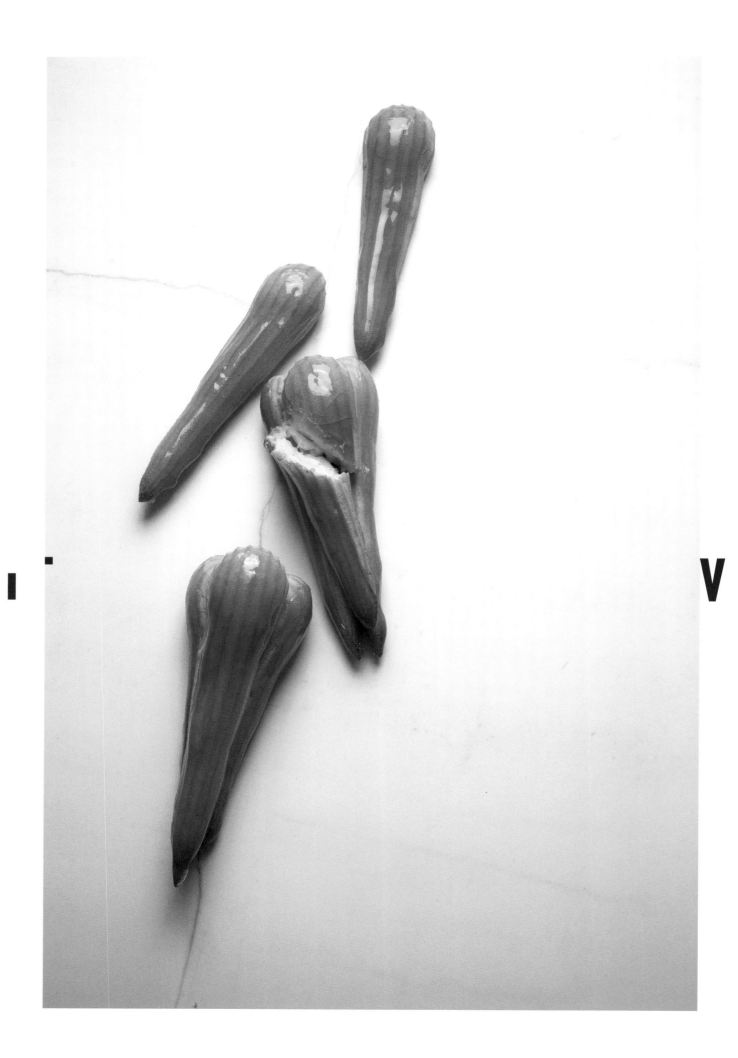

制作 10 个

准备时间：1 小时 30 分钟

烘烤时间：25 分钟

静置时间：1 小时 30 分钟

D I T

V

离婚泡芙

泡芙面团

150克牛奶
150克水
18克转化糖浆
6克盐
132克黄油
180克面粉
6个鸡蛋

樱桃酒糕点奶油

450克牛奶
50克鲜奶油
2根香草荚
90克糖
50克奶油粉
50克面粉
90克蛋黄
60克可可黄油
4片吉利丁片
50克黄油
60克马斯卡彭奶酪
60克樱桃酒

焦糖

100克糖
40克水
10克葡萄糖

DiVORCES 离婚泡芙

泡芙面团

按照第257页的说明制作泡芙面团。

樱桃酒糕点奶油

按照第259页的说明制作糕点奶油，注意在快要做好时放入樱桃酒。将其倒进带直径6毫米的圆形裱花嘴的裱花袋里备用。

焦糖

在深口平底锅里将糖、水和葡萄糖一起加热，做成深色焦糖。

组装和完成

将烤箱预热至180℃。将泡芙面团放在带直径12毫米的锯齿裱花嘴的裱花袋里，在铺着烘焙纸的烤盘上挤出14厘米长的水滴形长条，放进烤箱烤25分钟。

从烤箱中将泡芙取出，冷却10分钟。用裱花嘴在烤好的泡芙面团下方扎一下，挤入樱桃酒糕点奶油。随后用刀插入泡芙面团下方，将泡芙的一半浸入焦糖。轻轻沥干。

制作 6 个

准备时间：45 分钟

烘烤时间：36 分钟

静置时间：24 小时

BA

柑橘芭芭蛋糕

芭芭蛋糕面团

17克面包酵母
450克T55面粉
4克盐
140克黄油
17克蜂蜜
500克鸡蛋
25克全脂牛奶

芭芭蛋糕糖浆

1升水
500克砂糖
2根香草荚
2个橙子的皮
2个柠檬的皮
250克琥珀色大黄

杏泥镜面

400克杏肉泥
75克葡萄糖
150克细砂糖
6克NH果胶

香草奶油酱

1根香草荚
300克淡奶油
30克细砂糖

BABA AGRUMES — 柑橘芭芭蛋糕 B

11:00

芭芭蛋糕面团

按照第256页的说明制作芭芭蛋糕面团。

芭芭蛋糕糖浆

将所有配料放在深口平底锅里一起煮沸，随后浸泡25分钟，倒出。

杏泥镜面

在深口平底锅里将杏肉泥与葡萄糖一起加热。另外将细砂糖和温热的NH果胶混合，随后将混合物放入深口平底锅中。煮沸几分钟，放进冰箱冷藏备用。

香草奶油酱

前一天备好奶油。将香草荚剖开然后刮籽。将淡奶油、细砂糖和香草籽混合。过筛，随后放入刮籽的香草荚，放进冰箱静置24小时。

组装和完成

将烤箱预热至180℃。将350克面团放进拉帕瓦尼（Pavoni）品牌的甜甜圈模具里。放进烤箱烤15分钟，随后降至160℃烤15分钟，再降至140℃烤6分钟。脱模。

将芭芭蛋糕糖浆加热至45℃，放入芭芭蛋糕，浸泡45分钟。取出放在烤架上。

将杏泥镜面煮沸，随后用刷子将镜面刷在芭芭蛋糕上。

将香草奶油酱打发成尚蒂伊奶油，搭配芭芭蛋糕上桌。

制作 8 人份（2 个模具）

准备时间：15 分钟

烘烤时间：25 分钟

奶奶的小炖锅之焦糖奶油蛋糕

1升全脂牛奶
150克砂糖
8个鸡蛋
2根香草荚

干炒焦糖

500克砂糖

CRÈME
CARAMEL

奶奶的小炖锅之焦糖奶油蛋糕

DE MAMIE

COCOTTE

奶奶的小炖锅之焦糖奶油蛋糕

将烤箱预热至200℃。

在深口平底锅里将砂糖干炒成焦糖。将其倒进蛋糕模具底部。将香草荚牛奶煮沸，过滤，随后浇在提前混合的蛋液和砂糖上面。将做成的混合物倒入焦糖当中。将模具放在一个装满水的容器里，放进烤箱，隔水烤25分钟。

制作 8 人份

准备时间：30 分钟

烘烤时间：35 分钟 30 秒

静置时间：30 分钟

F

克拉芙缇蛋糕

克拉芙缇蛋糕面团

100克鸡蛋
100克糖
1克盐
100克杏仁粉
30克面粉
300克伯尼昂布克（Borniambuc）
奶油

奶酥

110克T45面粉
75克糖
110克黄油

采用小蛋糕模具组装

10克黄油
2克辣椒
10克杏仁
3克粗砂糖
300克克拉芙缇蛋糕面团
100克樱桃
12克奶酥
10克杏仁碎粒

组装

糖粉

CLAFOUTiS   克拉芙缇蛋糕   *11:00*

克拉芙缇蛋糕面团

在带扁桨的搅拌机里将鸡蛋和糖、盐、杏仁粉混合，随后放入面粉。最后加入奶油，搅拌均匀。

奶酥

按照第256页的说明制作奶酥。

组装和完成

将烤箱预热至165℃。用刷子在直径10厘米的模具里抹上黄油，撒入辣椒、杏仁和粗砂糖。放入克拉芙缇蛋糕面团，在上面摆放3/4量的切成两半（去核）的樱桃。撒满奶酥，最后撒上杏仁碎粒。

放进烤箱烤25分钟。放上剩下1/4量的樱桃，放回烤箱再烤10分钟。撒上糖粉，放回仍然灼热的烤箱中用余温烤30秒。

COR ¯iLLES DE F   CORBE   ¯S DE RUiTS
CORBEILL¯ DE F   CORBE   c FRU¯ S
CORBE¯LLE DE F   CO   ¯   S DE FR i S
CORBciLLES ¯   UiTS   S DE F i S
   O BEiLLES ¯ FRUiTS CO
 C RBEiLLE D F U¯TS CO
COR ¯iL ¯S ¯ F   ·   O
CORBEiLLES DE FRUiTS C
CORBEiLLES DE FRUiTS   RBEi   ¯
  ORBEiLLES DE FRUi S   BEi L S
   O BEiLLES DE FRUiTS   RBciL ¯   ¯ F U¯T
 C RBEiLLES DE FRUiTS C   BEiL ¯S DE   UiTS
COR ¯iLLES DE F iTS CO ¯iLLE Dc FRUiTS
CO   ciLLES DE   ·   C RB¯¯ LES ¯ FRUiTS
CORBE¯ LES D¯ R i   ¯¯   ¯ DE FRUiTS
CORB¯i ¯S ¯ F ·   L¯ DE FRUiTS
    iLL¯S ¯ F Ui   ¯S   ¯ FRUiTS
    ·   ¯   ¯   ·   ¯i cS DE FR iTS
                           B¯iLL¯   ¯ F i
CO   O B¯i L¯ D¯   UiT
C   ORBEiLLES DE FRUiT
COR ¯i L¯ DE   C R ¯iLLES DE FRUiT
C RBE¯LL¯S ¯   S COR ¯iLLES DE FRUi
CORBEiLLE D   S   B¯iLLcS DE FRUiTS
CORBEiLLES ¯   CO ¯iL ¯S D¯ FRUiTS
CORBEiLL¯ ¯ FRUiT   O BEiLL¯ ¯ FRUiTS
CORBEiLLES DE FRUiTS   ¯i   c FRUiTS
CORBEiLLES DE FRUiTS   O BEiL   ¯ FRUiTS

准备时间：40 分钟

烘烤时间：20 分钟

静置时间：4 小时 30 分钟 + 1 小时

水果篮子挞

甜酥面团

150克黄油
95克糖粉
30克杏仁粉
1克盖朗德盐
1克香草粉
1个鸡蛋
250克T55面粉

杏仁奶油

75克黄油
75克砂糖
75克杏仁粉
75克鸡蛋

糕点奶油

450克牛奶
50克鲜奶油
90克蛋黄
90克糖
25克奶油粉
25克面粉
30克可可黄油
5片吉利丁片
50克黄油
30克马斯卡彭奶酪
2根香草荚

覆盆子果酱

250克冷冻覆盆子
150克糖
5克NH果胶
10克柠檬汁

组装和完成

500克新鲜覆盆子

L⁻ CORBEILLES FRUITS

DE

水果篮子挞

11:00

甜酥面团

按照第257页的说明制作甜酥面团。

杏仁奶油

按照第259页的说明制作杏仁奶油。

糕点奶油

按照第259页的说明制作糕点奶油。

覆盆子果酱

按照第261页的说明制作覆盆子果酱。

组装和完成

将甜酥面团用擀面杖擀成2.5毫米厚的面皮，放进涂过少量黄油的，2厘米高、边长7厘米的模具里。放进冷柜冷冻1小时。

将烤箱预热至160℃，将水果篮子挞放进烤箱烤20分钟。

在水果篮子挞底涂上杏仁奶油，然后涂满糕点奶油和覆盆子果酱。最后放上新鲜覆盆子。

准备时间：40 分钟

S

奥地利萨赫蛋糕

巧克力比斯基

180克蛋清
60克糖
160克糖粉
160克杏仁粉
100克可可粉
40克面粉

巧克力甘纳许

600克鲜奶油
87克葡萄糖
580克可可含量87%的黑巧克力
40克奶粉
25克可可粉

组装和完成

5克可可豆碎
20克可可粉

SACHERS 奥地利萨赫蛋糕

11:00

巧克力比斯基

用搅拌机的扁桨将蛋清打发，加糖打成蛋白霜。将糖粉、杏仁粉、可可粉和面粉混合，过筛，随后放入蛋白霜当中。将烤箱预热至165℃。将面团放在铺着烘焙纸的烤盘上，烤15分钟。

巧克力甘纳许

在平底深口锅里将一半鲜奶油和葡萄糖一起加热。放入黑巧克力、奶粉、可可粉和剩下的鲜奶油，用手持料理机打碎，倒在不锈钢浅底托盘里备用。

组装和完成

在直径6厘米、高11厘米的圆环磨具里将比斯基切开。

按照圆环模具的大小切割饼干。按照一层比斯基、一层巧克力甘纳许摆好，直至圆环顶部，最后放上一层可可豆碎。

用圣奥诺雷裱花嘴挤上甘纳许，从四周开始直至上方。撒上可可粉。

白森林蛋糕

盐之花酥饼

190克圭那亚巧克力
190克软化黄油
150克粗砂糖
60克细砂糖
2克液体香草精
3克盐之花
220克面粉
35克可可粉
2克食用碳酸氢钠

无面粉巧克力比斯基

135克蛋黄
210克细砂糖
190克蛋清
60克可可粉

盐之花松脆比斯基

450克盐之花酥饼
50克白巧克力
15克可可黄油

樱桃酒打发甘纳许

950克鲜奶油
210克白巧克力
4片吉利丁片
60克樱桃酒

酸樱桃内馅

1千克酸樱桃果泥
13克苍耳烷
1.5千克沥干的冷冻酸樱桃
250克用樱桃酒浸泡的酸樱桃

白巧克力饰面

200克可可黄油
200克白巧克力

组装和完成

防潮糖粉
10颗樱桃酒泡过的酸樱桃

FORÊTS BLANCHES ˉ

白森林蛋糕

11:00

盐之花酥饼

将圭那亚巧克力用粉碎搅拌机打碎。在带扁桨的搅拌机里将软化黄油、粗砂糖、细砂糖、液体香草精和盐之花混合。将面粉、可可粉和碳酸氢钠混合，过筛，放入搅拌机中，最后放入圭那亚巧克力，搅拌成面团。用擀面杖将面团擀成3毫米厚。

无面粉巧克力比斯基

在带扁桨的搅拌机里将蛋黄和一半的细砂糖一起打发。随后另外将蛋清和另一半细砂糖一起打发。将两种混合物搅拌在一起。放入可可粉。将烤箱预热至180℃。用蛋糕刀将面团摊成极薄的厚度（0.5厘米）。放进烤箱，烤大约20分钟。

盐之花松脆比斯基

将烤箱预热至165℃。将盐之花酥饼放在烤盘上，放进烤箱烤12～13分钟。从烤箱中取出，将酥饼切成碎末。在平底深口锅里将白巧克力与可可黄油一起隔水融化，随后将其与450克酥饼碎末混合（保留剩下的酥饼碎末，在组装时作为基底）。

樱桃酒打发甘纳许

将吉利丁片放在水里，使其膨胀。用深口平底锅加热一半的鲜奶油，随后放入提前融化的白巧克力和沥干的吉利丁片，再加入樱桃酒和剩下的鲜奶油，用手持料理机一起搅拌均匀。

酸樱桃内馅

用手持料理机将酸樱桃果泥和苍耳烷一起搅拌均匀。放入沥干的冷冻酸樱桃和用樱桃酒浸泡的酸樱桃。用料理机打碎。倒进裱花袋里备用。

白巧克力饰面

用深口平底锅里加热可可黄油，随后将其浇在白巧克力上。用手持料理机打碎，放在室温下备用。

组装和完成

用带球桨的搅拌机将樱桃酒甘纳许打发，随后将其倒在裱花袋里。在直径6.5厘米、高7厘米的圆环模具里放入盐之花酥饼基底。在圆环模具底部和侧边涂上樱桃酒打发甘纳许。放上提前用切模切好的无面粉巧克力比斯基。用裱花袋将酸樱桃内馅挤在中间。在上面放一块盐之花松脆比斯基。最后浇上樱桃酒打发甘纳许。

用蛋糕刀将蛋糕上方和四周抹平整。放进冷柜冷冻2小时。用喷枪喷上白巧克力饰面。撒上防潮糖粉，放上1颗樱桃酒浸泡过的酸樱桃。

FRAiSi   FRA˙S˙¯RS   i¯RS
FRA¯¯˙   Ai   ¯   ¯RS
FRA¯Sic   S FR   ˙   i¯RS
FRAi i¯   F Ai i¯RS   iSi¯RS
FR   S   AiS¯¯   AiSi¯RS
FR   ¯¯   S F iSi¯RS
          ˙   ic   FR iSi¯RS
FR iS¯¯   S F   i i¯RS FRAi i¯
FRAiSi R F Ai i¯   ˙ i¯
FRAiSi¯RS   AiSi¯
FRAiSi¯   S FR
FRAiSi¯RS FR   F
FRAiSi¯RS FRAiSi¯   F   ic
FRAiSi¯RS FRAi ¯¯   FR ˙ i¯RS
FRAiSi¯RS F   ˙Si¯RS FRAi ¯¯RS
FRAiS¯¯   AiS¯¯ S FR ˙ ˙ RS
FRAi ¯¯   AiSi¯RS F i i¯ S
FRAiSi¯ S FR ˙ i¯¯RS F AiSi¯RS

草莓蛋糕

勺子比斯基

6个蛋黄

6个蛋清

164克糖

164克面粉

细砂糖

糖粉

香草打发甘纳许

1升鲜奶油

32克大溪地香草荚

200克白巧克力

5片吉利丁片

糕点奶油

450克牛奶

50克鲜奶油

2根香草荚

90克糖

25克奶油粉

25克面粉

90克蛋黄

30克可可黄油

4片吉利丁片

50克黄油

30克马斯卡彭奶酪

草莓蛋糕奶油

450克香草甘纳许

600克糕点奶油

草莓啫喱

300克草莓汁

30克糖

4克琼脂

1克苍耳烷

340克熟透的草莓（放在真空罐里90℃煮1小时）

200克新鲜草莓

组装和完成

樱桃酒

500克草莓杏仁膏

300克新鲜草莓

勺子比斯基

在带球桨的搅拌机里首先将蛋黄和一半的糖一起打发。随后将蛋清和另一半糖一起打发。用刮铲小心地将两者与面粉混合。将面团擀成2毫米厚，撒上细砂糖和糖粉，放在烤盘上。将烤箱预热至180℃，放进烤箱烤10分钟。

香草打发甘纳许

将吉利丁片放在少许水中使其膨胀。

在深口平底锅里将鲜奶油和香草荚一起加热25分钟。随后将做成的香草奶油浇在提前隔水融化的白巧克力上，放入沥干的吉利丁片。用手持料理机打碎，随后过筛。放进冰箱备用。

糕点奶油

按照第259页的说明制作糕点奶油。

草莓蛋糕奶油

在带球桨的搅拌机里将香草甘纳许稍微打发。随后将其与糕点奶油混合。

草莓啫喱

在深口平底锅里将草莓汁煮沸。放入糖和琼脂。待混合物冷却后，将其用粉碎搅拌机打碎，直至质地均匀。随后放入苍耳烷。最后放入切成小丁的新鲜草莓和熟透的草莓。

组装和完成

如果制作多个小号蛋糕，则在直径8厘米的圆环模具里组装；如果制作6人份的一个大号蛋糕，则在直径16厘米的圆环模具里组装。

按照圆环模具的大小切分勺子比斯基，将其稍稍浸透樱桃酒，再涂上草莓蛋糕奶油。放上新鲜草莓。上面摆放1块勺子比斯基，将草莓蛋糕奶油抹平。放进冰箱冷藏2小时，随后脱模。

用擀面杖将草莓杏仁膏擀至极薄，再切成7厘米x20厘米的长条。将长条围绕每个草莓蛋糕四周摆放，使每片长面皮都高出蛋糕1厘米。用剪刀修剪，保持面皮的圆周整齐。放上草莓啫喱，最后摆上新鲜草莓。

制作 6 人份

准备时间：1 小时 30 分钟

烘烤时间：10 分钟

静置时间：2 小时

覆盆子蛋糕

勺子比斯基

6个蛋黄
6个蛋清
164克糖
164克面粉
细砂糖
糖粉

香草打发甘纳许

1升鲜奶油
32克大溪地香草荚
200克白巧克力
5片吉利丁片

糕点奶油

450克牛奶
50克鲜奶油
2根香草荚
90克糖
25克奶油粉
25克面粉
90克蛋黄
30克可可黄油
4片吉利丁片
50克黄油
30克马斯卡彭奶酪

覆盆子蛋糕奶油

450克香草甘纳许
600克糕点奶油

覆盆子啫喱

300克覆盆子汁
30克糖
4克琼脂
1克苍耳烷
340克熟透的覆盆子（放在真空罐里煮1小时）
200克新鲜覆盆子

组装和完成

樱桃酒
500克覆盆子杏仁膏
300克新鲜覆盆子

B ·· ⁻

11:00

F ··

FRAMBO·SiᴇRS
覆盆子蛋糕

勺子比斯基

按照第256页的说明制作勺子比斯基。

香草打发甘纳许

按照第89页草莓蛋糕的方法制作。

糕点奶油

按照第259页的说明制作糕点奶油。

覆盆子蛋糕奶油

按照地89页草莓蛋糕的方法制作，将草莓替换为覆盆子。

覆盆子啫喱

按照第89页草莓啫喱的食谱制作，将草莓替换为覆盆子。

组装和完成

按照第89页草莓蛋糕的方法组装。

OPÉRA   N'LLᴲ
OPᴲRA   ILLᴲ
         VAN'
OP RA VAN'
OPᴲRA V
            ‾
OPÉRA   AN'
OP A ANi L
       VANiLLᴲ
Pᴲ A NiLL'
OPÉRA V   L'

香草歌剧院蛋糕

可颂面团
200克传统面粉
200克精白面粉
8克盐
32克细砂糖
20克酵母
16克蜂蜜
28克黄油
20克鸡蛋
81克牛奶
81克水
250克起酥黄油

芙朗面糊
450克牛奶
5克香草荚
4个鸡蛋
90克糖
42克奶油粉
50克黄油
1克盐之花

OPĒRA VANILLE

香草歌剧院蛋糕

11:00

可颂面团

将除了起酥黄油以外的所有配料放进旋转和面机当中，以1挡速度搅拌4分钟，再以2挡速度搅拌6～7分钟。将面团放在室温（22℃～24℃）下静置15分钟。随后用轧面机将其擀成2毫米的厚度后，放进冰箱冷藏30分钟。用带扁桨的搅拌机搅拌起酥黄油。将其放在面团的中央，制作双层折叠，再做单层折叠，将面团和黄油按照第254页的说明折叠。将面团擀成4毫米厚的面皮，随后切成一个直径20厘米的圆形。将做好的可颂面饼放入直径18厘米的布里欧修模具当中，放进冷柜冷冻1小时。

芙朗面糊

在深口平底锅里将牛奶和剖开刮籽的香草荚一起加热。与此同时，将鸡蛋、奶油粉和糖搅拌均匀，直至变白。将牛奶当中的香草荚取出，再将牛奶浇在混合物上面。将混合物倒回深口平底锅里当中煮沸，随后放入黄油和盐之花。用手持料理机搅拌均匀。

组装和完成

将布里欧修模具从冷柜中取出，将芙朗面糊倒入其中，直至3/4的高度。将其放回冷柜冷冻2小时。将烤箱预热至180℃，将芙朗面糊烤大约25分钟。待其烤熟，将芙朗面糊放在模具中静置15分钟，随后脱模，上桌品尝。

制作 8 人份

准备时间：50 分钟

烘烤时间：30 分钟

静置时间：2 小时 30 分钟

榛子巴黎布列斯特蛋糕

泡芙面团

150克牛奶
150克水
18克转化糖浆
6克盐
132克黄油
180克面粉
8个鸡蛋

榛子糖衣

500克榛子
200克糖
8克盐之花
70克可可黄油
70克脆片饼干

糕点奶油

450克牛奶
50克鲜奶油
2根香草荚
90克细砂糖
25克奶油粉
25克面粉
90克蛋黄
30克可可奶油
4片吉利丁片
50克黄油
30克马斯卡彭奶酪

榛子膏

240克生榛子
18克糖粉
8克盐之花

黄油奶油

180克牛奶
180克糖（1）
140克蛋黄
800克黄油
78克水
233克糖（2）
112克蛋清

糖衣奶油

600克糕点奶油
150克榛子膏
520克黄油奶油

组装和完成

250克榛子碎粒

PARiS

榛子巴黎
布列斯特蛋糕

泡芙面团

按照第257页的说明制作泡芙面团。

榛子糖衣

按照第260页的说明制作榛子糖衣。

糕点奶油

按照第259页的说明制作糕点奶油。

榛子膏

将烤箱预热至165℃。像制作糖衣一样，将榛子烤15～20分钟。随后用粉碎搅拌机将其与糖粉和盐之花一起打碎。

黄油奶油

用牛奶、蛋黄和糖（1）按照第259页的说明制作英式奶油。将制好的英式奶油慢慢浇在用带球桨的搅拌机搅拌过的黄油上。

BREST

将蛋清打发。在深口平底锅里将水和糖（2）一起加热：当温度达到120℃时，将其浇在打发好的蛋白上。将蛋白倒入搅拌机，用中速搅拌，直至冷却。随后将英式奶油混合物和打发的蛋白用刮铲搅拌均匀。

糖衣奶油

将糕点奶油搅拌均匀，随后放入榛子糖衣和榛子膏。用搅拌机将黄油奶油打发，使其变得光滑，随后加入榛子膏。将其慢慢放入榛子糖衣、榛子膏和糕点奶油的混合物当中。倒进浅底托盘里备用。

组装和完成

将烤箱预热至180℃。用8毫米的裱花嘴在铺着烘焙纸的烤盘上挤出15厘米长的泡芙条。撒上榛子碎粒，放进烤箱烤30分钟。取出放在烤架上备用。从蛋糕下方挤入榛子糖衣。

用带12毫米裱花嘴的裱花袋挤出15厘米长的巴黎布列斯特蛋糕奶油条，将其放进冷柜冷冻1小时。将巴黎布列斯特蛋糕奶油条放在泡芙条上面，随后再放一根泡芙条。解冻30分钟。

圣特罗佩蛋糕

布里欧修面团

500克精白面粉

9克盐

75克细砂糖

27克有机面包酵母

6克液体香草精

325克鸡蛋

400克黄油

25克干香草粉

70克糖粒

橙子糕点奶油

450克牛奶

50克鲜奶油

2根香草荚

90克蛋黄

90克细砂糖

25克奶油粉

25克面粉

30克可可奶油

4片吉利丁片

50克黄油

30克马斯卡彭奶酪

4个橙子的皮

组装和完成

糖粉

橙皮

Ā LA TROPĒZIENNE

圣特罗佩蛋糕

布里欧修面团

在带搅拌钩的搅拌机里放入面粉、盐、细砂糖、有机面包酵母、液体香草精、鸡蛋和干香草粉，用1挡速度搅拌35分钟。放入黄油，再用2挡速度搅拌8分钟。蒙上潮湿的厨房布，在室温下静置1小时30分钟。将面团揉一下排气，随后放进冰箱冷藏3小时。

将烤箱预热至180℃。将面团塑形成120克的布里欧修面球，再揉成长棍面包的形状，两端捏尖。在室温下静置2小时。烤前撒上糖粒。放进烤箱烤30分钟。

橙子糕点奶油

按照第259页的说明制作糕点奶油。

将所有配料用料理机打碎，趁热放入橙皮，然后放进冰箱冷藏30分钟（留下少许橙皮用作装饰）。

组装和完成

用面包刀将布里欧修纵向切成两半。将橙子糕点奶油装在裱花袋里，然后挤入其中一半的布里欧修当中。将另一半放在上面。撒上糖粉和剩下的橙皮。

MERVEILLEUX CH   HOC
MERVEILLE   CHO   CHOC
MERV¯i LEUX C   C
MERV¯iLLEUX CHO   UX CH   '
MERVEi L X CHO   i   ¯   CH
M¯   ¯   ¯UX CHOC   ¯Ei LEUX   '
M¯RV¯   ¯   H '   ¯Ei ¯   CH C
MER EiL ¯ X   ¯ VEiLL   CHO   '
MERVEiLLEUX   ¯RVE LL   H C
MERVEiLLEUX   H   ¯ VEi L¯ X   OC
¯   ¯¯ LEUX CH   EiLL¯ X CHOC
        CUX CHOC   C
        ¯   CHOC M VEi   '
MERVEiL   C   '   VEiLLEUX
MERVEiLLEU   C M   Ei
ME V¯iL   ' M VE¯
      ¯   X   V¯   C
    ¯ VEiLLCUX CHO '   iL EUX
MERVEiLLE   C   '   i L¯U C   '
MERVEiLLE   HO   iLLE X CH
MERVEiLL¯   EiLLE   '
M¯   ¯¯   H C ME   L¯   CHO '
    ¯   O ' M¯ ¯iLLEU CHOC
ME   ¯¯   C MERVEi LE CHOC
M¯RVEi   ' MERVEiL C CHOC

惊喜蛋糕

蛋白霜

200克蛋清
180克细砂糖
200克糖粉
20克可可粉

黄油奶油

90克牛奶
90克细砂糖
70克蛋黄
400克黄油

意式蛋白霜

40克水
115克细砂糖
55克蛋清

糕点奶油

90克牛奶
10克鲜奶油
18克蛋黄
18克细砂糖
5克奶油粉
5克面粉
2根香草荚
6克可可奶油
2片吉利丁片
10克黄油
6克马斯卡彭奶酪

可可豆碎糖衣

100克榛子
30克细砂糖
2克盐之花
40克可可豆碎
40克葡萄籽油

巧克力糖衣奶油

300克糕点奶油
50克可可豆碎糖衣
40克可可含量70%的调温黑巧克力
300克黄油奶油

香草尚蒂伊奶油

250克淡奶油
50克马斯卡彭奶酪
9克细砂糖
1根香草荚

巧克力焦糖

180克葡萄糖
60克奶油
170克牛奶（1）
140克加热的葡萄糖
170克可可含量70%的调温巧克力
160克黄油
180克细砂糖
6克盐之花
200克牛奶（2）

组装和完成

巧克力碎片

MERVEILLEUX CHOC

惊喜蛋糕

蛋白霜

用带球桨的搅拌机将蛋清与细砂糖一起打发。用刮铲慢慢加入糖粉。将其倒入装有18毫米圆形裱花嘴的裱花袋里，在铺着烘焙纸的烤盘上挤出一个个蛋白霜的形状。将烤箱预热至90℃。在蛋白霜上撒上可可粉，放进烤箱烤1小时。

黄油奶油

用牛奶、蛋黄和细砂糖按照第259页的说明制作英式奶油。

将其慢慢浇在黄油上，同时用带球桨的搅拌机搅拌。

意式蛋白霜

在深口平底锅里将水和细砂糖一起加热至121℃。在搅拌碗里将蛋清打发，将细砂糖撒在蛋白上。将黄油奶油和制成的意式蛋白霜混合。放进冰箱冷藏2小时。

糕点奶油

按照第259页的说明制作糕点奶油。

可可豆碎糖衣

按照第260页的说明制作可可豆碎糖衣。

巧克力糖衣奶油   *11:00*

用带扁桨的搅拌机将糕点奶油搅拌至光滑质地，随后放入50克可可豆碎糖衣和隔水融化的调温黑巧克力。用带球桨的搅拌机将黄油奶油打发至光滑质地。将其慢慢倒入前一个混合物中。倒在浅底托盘里，放进冰箱冷藏1小时。

香草尚蒂伊奶油

在搅拌碗里将淡奶油、马斯卡彭奶酪、细砂糖和剖开刮籽的香草荚一起用手持料理机打碎。过筛，将奶油倒进裱花袋里备用。

巧克力焦糖

用深口平底锅将180克葡萄糖加热至190℃。用另一口深口平底锅将奶油、牛奶（1）、细砂糖和140克葡萄糖加热。将其倒在加热至190℃的葡萄糖上。加热至105℃，随后冷却至70℃。放入调温巧克力、黄油和盐之花。最后放入牛奶（2）。用手持料理机打碎，过筛。冷藏备用。

组装和完成

用带12毫米圆形裱花嘴的裱花袋将巧克力糖衣奶油挤成长条状。在两端各挤一团意式蛋白霜。用不带裱花嘴的裱花袋在中心挤一团香草尚蒂伊奶油，以及几条可可豆碎糖衣和巧克力焦糖。最后撒上几片巧克力碎片。

准备时间：40 分钟

烘烤时间：15 分钟

静置时间：1 小时 30 分钟

糖衣胜利蛋糕

糕点奶油

90克牛奶
10克鲜奶油
18克蛋黄
18克糖
5克奶油粉
5克面粉
6克可可奶油
2片吉利丁片
10克黄油
6克马斯卡彭奶酪

黄油奶油

90克牛奶
90克糖（1）
70克蛋黄
400克黄油
40克水
115克糖（2）
55克蛋清

榛子糖衣

100克榛子
30克糖
2克盐之花
70克可可黄油
70克脆片饼干

糖衣奶油

150克糕点奶油
150克黄油奶油
30克榛子糖衣

蛋白霜

200克蛋清
180克糖
200克糖粉

烤榛子

100克生榛子

组装

50克榛子

S　SUCCĒS

PRALiN

糖衣胜利蛋糕　*11:00*

糕点奶油

按照第259页的说明制作糕点奶油。

黄油奶油

按照第259页的说明制作黄油奶油。

榛子糖衣

按照第260页的说明制作榛子糖衣。

糖衣奶油

用带扁桨的搅拌机将糕点奶油搅拌均匀，随后放入榛子糖衣。

用带球桨的搅拌机将黄油奶油打发直至其变得光滑。将其小心地放入糕点奶油和榛子糖衣的混合物中。将混合后的糖衣奶油倒在浅底托盘里，放进冰箱冷藏1小时。

蛋白霜

按照第261页的说明制作蛋白霜（不含可可）。用18毫米的圆形裱花嘴挤出不同长度的长条。

烤榛子

将烤箱预热至150℃，将榛子放在烤盘上，放进烤箱烤15分钟。

组装

挤5条糖衣奶油。在糖衣奶油之间挤入蛋白霜。在糖衣奶油和蛋白霜之间挤入榛子糖衣。在上面撒少许擦碎的榛子。撒上几片榛子皮和榛子碎。

花边梨挞

甜酥面团

150克黄油
95克糖粉
30克杏仁粉
1克盖朗德盐
1克香草粉
1个鸡蛋
250克T55面粉

杏仁奶油

150克黄油
150克细砂糖
150克杏仁粉
150克鸡蛋

糕点奶油

450克牛奶
50克鲜奶油
2根香草荚
90克糖
25克奶油粉
25克面粉
90克蛋黄
30克可可奶油
4片吉利丁片
50克黄油
30克马斯卡彭奶酪

水煮梨

5个威廉梨
1升水
500克糖
1根香草荚

焦糖杏仁碎末

250克杏仁碎末
25克糖粉

POiRES iR —

EN DENTELLE

花边梨挞

甜酥面团

前一天按照第257页的说明制作甜酥面团。用轧面机将面团擀成2.5毫米厚的面皮,放进高2厘米、边长7厘米、稍微抹过黄油的模具里。放进冷柜冷冻1小时。将烤箱预热至160℃。将甜酥面团放进烤箱烤15分钟。

糕点奶油

按照第259页的说明制作糕点奶油。

杏仁奶油

按照第259页的说明制作杏仁奶油。

水煮梨

将水、糖和剖开刮籽的香草荚在深口平底锅里一起加热,做成糖浆。梨去皮,保留果柄,随后将其整个浸泡在糖浆里。煮熟。

焦糖杏仁碎末

将杏仁碎末以165℃烤10分钟,随后撒上糖粉。再用240℃烤2～3分钟,使其焦糖化。

组装和完成

在挞底抹上杏仁奶油,放进烤箱170℃烤15分钟。冷却,随后在杏仁奶油层上面抹上糕点奶油。

将威廉梨沥干,随后在其2/3高度处切开。将较小的带梗部分插入糕点奶油中,随后将焦糖杏仁碎末装饰在挞的四周。

M R ONS   LES ARRO   E CORBEILLES
MARR   S   L S A RO   EN   ORBEILLES
MAR ONS   NS EN CORBEILLES
MAR O S   M RRONS EN CORBEILLES
MARRONS   MARRONS EN CORBEI LES
MARRONS E   E MARRONS EN   ORBEI L
MARRONS EN CO   S MAR O   EN C RBEI
MARRONS EN CO   E   COR EILL
MARRONS N C   E   EN CORB LLES
MARRONS   C BEI
MARRONS   E   BEI
 ARRON   LE
M   O S   M   ONS   C
       S   M RON
    O S   i L
MARR N E   RB LLES M   O   BEIL
MARRO S EN CO EI E   ONS   CORBEI ES
MARRO S EN CO BEILL   N EN CORBEI LES
MARR   S N C   L M   E   ORBEILLES
MARR   S   ORB   EN   OR EILLES
     NS EN C R   M   EN C RBEILLES
     S   COR   MA   ORBEILLES
M R   S EN CO Bc LES MA   EN CORBEILLES
MARR NS EN   iL ES MARRO   EN CORBEILLES
MARR NS E   iLL S MARRONS EN CORBEILLES
MAR O S   RRONS EN CORBEILLES
MARR N EN   MA RONS EN CORBEILLES
M   S   S MAR   NS EN CORBEILLES
M RON N   i   RO EN CORBEILLES
M RRO   EN   i L S   N EN CORBEILLES
 A RO   S MAR   RBEILLES

栗子篮子挞

甜酥面团

150克黄油
95克糖粉
30克杏仁粉
1克盖朗德盐
1克香草粉
1个鸡蛋
250克T55面粉

杏仁奶油

75克黄油
75克细砂糖
75克杏仁粉
75克鸡蛋

栗子啫喱

500克牛奶
400克栗子膏
200克糖渍栗子
90克蛋黄
1咖啡勺苍耳烷
50克细砂糖

榛子糖衣

400克榛子
120克糖
8克盐之花
50克可可黄油
200克饼干脆片

黄柠檬啫喱

250克柠檬汁
25克糖
4克琼脂

糕点奶油

450克牛奶
50克鲜奶油
2根香草荚
90克糖
25克奶油粉
25克面粉
90克蛋黄
30克可可奶油
4片吉利丁片
50克黄油
30克马斯卡彭奶酪

栗子奶油

300克高温瞬时灭菌奶油（UHT）
65克糖
125克蛋黄
2片吉利丁片
625克马斯卡彭奶酪
400克糕点奶油
500克栗子膏

栗子糊

500克栗子膏
500克栗子奶油
50克水

组装和完成

200克糖渍栗子
黄油

MARRONS EN CORBEILLES
栗子篮子挞

11:00

甜酥面团

前一天按照第257页的说明制作甜酥面团。

杏仁奶油

按照第259页的说明制作杏仁奶油。

栗子啫喱

按照第259页的说明制作英式奶油。将其浇在用冷水冲洗过的糖渍栗子和栗子膏上面。用手持料理机将其与苍耳烷一起搅拌均匀。

榛子糖衣

按照第260页的说明制作榛子糖衣。

黄柠檬啫喱

按照第261页的说明制作黄柠檬啫喱。

糕点奶油

按照第259页的说明制作糕点奶油。

栗子奶油

按照第259页的说明制作英式奶油，用奶油代替牛奶。将马斯卡彭奶酪、沥干的吉利丁片和栗子膏混合，放入糕点奶油，将英式奶油浇在上面。用料理机搅拌，直至获得均匀的质地。

栗子糊

用粉碎搅拌机将栗子膏打碎，放入栗子奶油和水。将制成的混合物倒出，蒙上保鲜膜，以防止其变干。

组装和完成

用擀面杖将甜酥面团擀成厚度2.5毫米的面皮，将面皮放在高2厘米、直径7厘米、抹过少量黄油的篮子模具里。放进冷柜冷冻1小时。将烤箱预热至160℃，放进烤箱烤20分钟。

在挞底抹上杏仁奶油，随后放上几个冲洗过的糖渍栗子。将栗子啫喱放在上面。在挞中心涂上榛子糖衣和黄柠檬啫喱。用刮铲将栗子奶油在面团上做出一个穹形。将栗子糊倒入装有细线嘴的裱花袋里，在奶油上面挤出几条线，将边缘抹平。最后放上糖渍栗子。

柠檬花瓣挞

巴斯克酥饼面团

250克黄油
220克粗砂糖
90克鸡蛋
310克T55面粉
154克杏仁粉
16克化学酵母
3克盐

糖渍青柠檬

400克青柠檬果肉
225克煮过的青柠檬皮
15克万寿菊
10克鼠尾草
10克薄荷
10克金盏花
200克花蜜
200克葡萄糖
400克柠檬汁

青柠檬奶油

450克青柠檬汁
7个青柠檬，用刨刀刨出柠檬屑
400克鸡蛋
50克蜂胶
25克转化糖浆
25克红糖
1.5克盐之花
3片吉利丁片
425克冷的干黄油

青柠檬蛋白霜

150克新鲜蛋清
75克糖
1.5克脱水蛋清
1个青柠檬的皮屑

黄柠檬啫喱

500克黄柠檬汁
50克糖
8克琼脂

组装和完成

糖粉

FLEURS
F⁻ CiTRONNEES 柠檬花瓣挞   *11:00*

巴斯克酥饼面团

按照第255页的说明制作巴斯克酥饼面团。

糖渍青柠檬

在深口平底锅里将青柠檬果肉烫煮4遍。冷却，随后将所有配料用粉碎搅拌机搅拌成均匀的质地。放进冰箱冷藏1小时。

青柠檬奶油

将吉利丁片放在水里使其膨胀。在深口平底锅里放入除干黄油和吉利丁片以外的所有配料，加热至90℃。过筛，随后放入沥干的吉利丁片。用手持料理机打碎，随后慢慢放入干黄油。

青柠檬蛋白霜

将蛋清、糖和脱水蛋清隔水加热至70℃。用搅拌机打发，直至冷却。放入青柠檬皮屑，立即倒在裱花袋里。

黄柠檬啫喱

按照第261页的说明制作黄柠檬啫喱。

组装和完成

将烤箱预热至170℃。将面团切成7厘米的小段，将面团段放进6厘米的圆环模具里，放进烤箱烤30分钟。冷却后涂上糖渍青柠檬，随后涂上青柠檬奶油，直至2/3的高度。用装有8毫米裱花嘴的裱花袋将青柠檬蛋白霜抹在挞的四周，在蛋白霜上撒上糖粉。将其放进高温的烤箱烤2分钟。最后在挞中心放入少许糖渍青柠檬和黄柠檬啫喱。

准备时间：2 小时

烘烤时间：1 小时 20 分钟

静置时间：4 小时

条纹瓦什寒夹心蛋糕

蛋白霜

200克蛋白
200克糖
200克糖粉

百香果雪芭

250克水
160克粗砂糖
65克葡萄糖
500克百香果肉

草莓雪芭

300克水
30克转化糖浆
200克糖
1千克草莓果肉

香草尚蒂伊奶油

500克淡奶油
100克马斯卡彭奶酪
17克糖
2根香草荚

摆盘

6个百香果

VACHERINS
条纹瓦什寒夹心蛋糕

11:00

ZEBRES

蛋白霜

按照第261页的说明制作蛋白霜（不含可可）。将烤箱预热至110℃。将蛋白霜放进小篮子形状的硅胶模具里。将蛋白霜上方抹平，烤20分钟。将其从烤箱中取出，将温度降至90℃。用蘸过水的勺子在蛋白霜中心挖个洞，放回烤箱再烤1小时。

百香果雪芭

按照第235页的百香果食谱制作百香果雪芭。

草莓雪芭

按照制作百香果雪芭的方法制作草莓雪芭，将百香果肉替换为草莓果肉。

香草尚蒂伊奶油

在搅拌碗里放入所有配料，随后用手持料理机打碎。

摆盘

将百香果雪芭和草莓雪芭混合，抹在蛋白霜上面。将淡奶油打发成尚蒂伊奶油，用8毫米的裱花嘴将尚蒂伊奶油在蛋糕上挤成火焰状。最后，将去籽的百香果肉放在尚蒂伊奶油的中心。

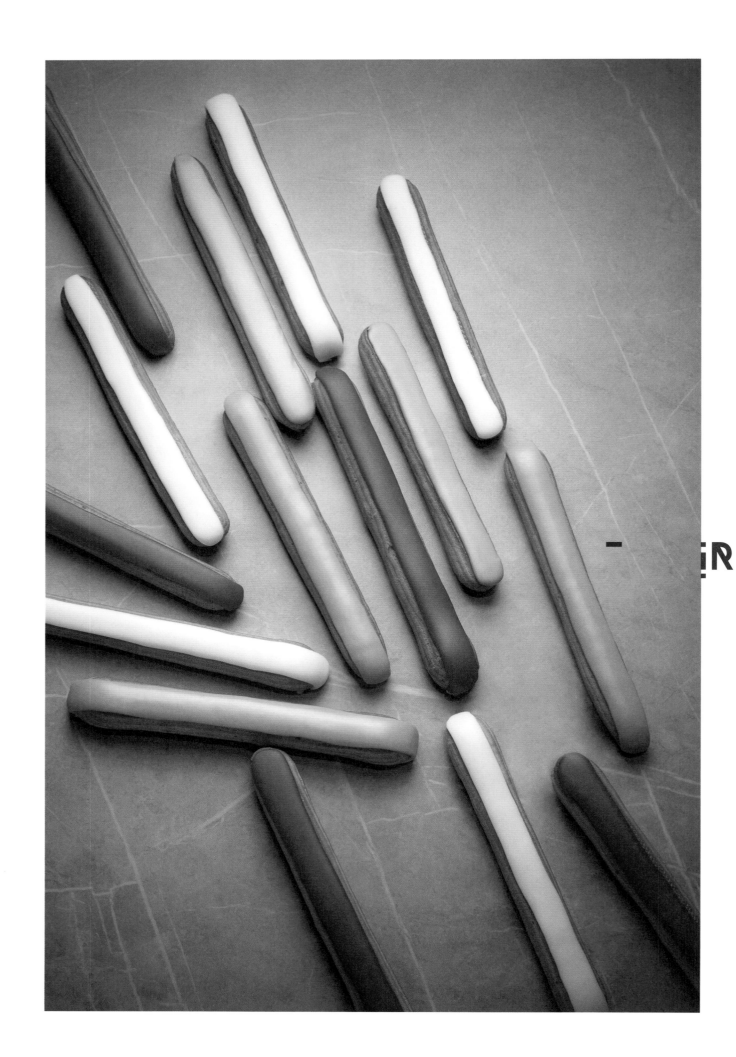

闪电泡芙

泡芙面团

150克牛奶
150克水
18克转化糖浆
6克盐
132克黄油
180克面粉
5个鸡蛋

糕点奶油

900克牛奶
100克鲜奶油
4根香草荚
180克粗砂糖
50克奶油粉
50克面粉
180克蛋黄
60克可可奶油
8片吉利丁片
100克黄油
60克马斯卡彭奶酪

调味食材

200克纯可可膏
200克香草膏
200克咖啡膏

糖面

15克糖
15克水
500克糕点翻糖
10克可可粉
10克咖啡粉

ĒCLAiRS

L · S *11:00*
闪电泡芙

泡芙面团

在深口平底锅里将牛奶、水、转化糖浆、盐和黄油一起煮沸。离火,一次性放入面粉。再次加热,用刮铲用力搅拌,随后在火上烧干。

将面糊倒在带扁桨的搅拌机里,随后逐个打入鸡蛋,搅拌均匀。放在室温下静置1小时。

糕点奶油

按照第259页的说明制作糕点奶油。将糕点奶油分别放在3个搅拌碗里。将每份奶油与一种调味食材混合:第一份放入纯可可膏,第二份放入香草膏,第三份放入咖啡膏。

糖面

在深口平底锅里将糖和水一起加热,制作糖浆。用另一口深口平底锅将糕点翻糖稍微加热,将糖浆放入糕点翻糖中,再分为3等份:第一份为原味,第二份放入可可粉,第三份放入咖啡粉。

组装和完成

将烤箱预热至180℃。将泡芙面团放在装有10毫米圆形裱花嘴的裱花袋里,在铺着烘焙纸的烤盘上挤出20厘米长的细长闪电泡芙。用喷雾器喷上黄油。放进烤箱烤30分钟。从烤箱中将泡芙取出,放在烤架上冷却。

将糕点奶油倒进裱花袋中,用裱花嘴在闪电泡芙下方扎洞,挤入糕点奶油。

将糖面加热至32℃,随后用锯齿裱花嘴将糖面挤在27℃(稍微加热)的闪电泡芙上,随后将边缘抹平。

准备时间：50 分钟

烘烤时间：40 分钟

修女闪电泡芙

泡芙面团

150克牛奶
150克水
18克转化糖浆
6克盐
132克黄油
180克面粉
5个鸡蛋

糕点奶油

450克牛奶
50克鲜奶油
2根香草荚
90克糖
25克奶油粉
25克面粉
90克蛋黄
30克可可奶油
4片吉利丁片
50克黄油
30克马斯卡彭奶酪

巧克力糕点奶油

500克糕点奶油
60克秘鲁黑巧克力

可可豆碎糖衣

500克榛子
150克糖
10克盐之花
200克可可豆碎
200克葡萄籽油

糕点翻糖

500克翻糖
50克可可黄油
50克葡萄糖
可可粉

RELIGIEUSES

· ·

EN ÉCLAIRS 修女闪电泡芙

泡芙面团

按照第257页的说明制作泡芙面团。将面团放进带圆形裱花嘴的裱花袋里。

糕点奶油

按照第259页的说明制作糕点奶油。

巧克力糕点奶油

在深口平底锅里将两种配料加热混合。

可可豆碎糖衣

将烤箱预热至160℃。将榛子放在烤盘上，放进烤箱烤10分钟。用糖制作干焦糖。在粉碎搅拌机里将烤榛子、干焦糖和可可豆碎一起打碎。放入葡萄籽油和盐之花，用扁桨搅拌均匀。

糕点翻糖

用深口平底锅将翻糖加热至36℃。放入可可黄油、葡萄糖和可可粉。如果需要，可以加少许水稀释。

组装和完成

用8毫米的裱花嘴将泡芙面团挤出15厘米长的泡芙条，用7毫米的裱花嘴挤出10厘米长的泡芙条，再用7毫米的裱花嘴挤出4厘米长的泡芙条。将烤箱预热至180℃。将泡芙条放在铺有烘焙纸的烤盘上，放进烤箱烤30分钟。从烤箱中将泡芙取出，放在烤架上备用。

在每条泡芙条的下方涂上巧克力糕点奶油，随后撒上可可豆碎糖衣。

将糕点翻糖趁热倒进裱花袋里，用锯齿裱花嘴在每个泡芙面团上挤一条糕点翻糖。将泡芙条从大到小叠放。

准备时间：40 分钟

烘烤时间：40 分钟

静置时间：一小时

桃挞

甜酥面团

150克黄油
95克糖粉
30克杏仁粉
1克盖朗德盐
1克香草粉
1个鸡蛋
250克T55面粉
80克土豆淀粉

奶油面糊

200克鸡蛋
200克糖
200克杏仁粉
60克面粉
2克盐

装饰

8个黄桃
8个白桃
100克杏仁碎粒

TARTE
桃挞

11:00

AUX
A
X

PÊCHES

甜酥面团

按照第257页的说明制作甜酥面团。

奶油面糊

在搅拌碗里将鸡蛋与糖、杏仁粉混合，随后放入面粉和盐。放进冰箱冷藏备用。

完成和烘烤

将烤箱预热至170℃。将面团放进挞模里。将黄桃和白桃切成尺寸不一的小块。将奶油面糊浇在甜酥面团上，放上桃块，撒上杏仁碎粒。放进烤箱烤40分钟。

制作 10 人份

准备时间：1 小时

烘烤时间：36 分钟

静置时间：5 小时

T

萝丝奶奶的塔丁挞

千层酥

-黄油面团
280克起酥黄油
110克精白面粉
-外层面团
100克水
10克盐
2克白醋
80克软黄油
250克精白面粉

焦糖

300克糖
100克水

装饰

10个皇家嘎啦苹果

TATiN De

MAMiE ROSE R S

萝丝奶奶的塔丁挞

11:00

千层酥

按照第255页的说明制作6层的千层酥。将其用擀面杖擀成4毫米厚。

制作和烘烤

将烤箱预热至170℃。制作焦糖，将焦糖放在直径20厘米的糕点模具里。苹果去皮，切成薄片，随后将苹果片均匀地放在焦糖上，均匀地摆成圆环状。将千层酥放在上面，将千层酥边缘按进抹过油的模具边缘里。放进烤箱烤35分钟。

从烤箱中将其取出，放进冰箱冷藏1小时。随后放回烤箱烤1分钟以便脱模。将塔丁挞翻转过来。可搭配诺曼底奶油食用。

古法苹果挞

干层布里欧修

825克T45面粉
12克细盐
50克细砂糖
150克鸡蛋
300克牛奶
75克面包酵母
75克软化黄油
450克起酥黄油

杏仁奶油

75克黄油
75克细砂糖
75克杏仁粉
75克鸡蛋

苹果泥

500克史密斯奶奶苹果
60克黄柠檬汁

组装

5个皇家嘎啦苹果
2个史密斯奶奶苹果
100克榛子黄油

POMMES À
L' ANCiENNE

古法苹果挞

干层布里欧修

按照第254页的说明制作干层布里欧修面团。

杏仁奶油

按照第259页的说明制作杏仁奶油。

苹果泥

将烤箱预热至100℃。苹果洗净去皮，切成边长0.3厘米的小丁。将苹果丁和黄柠檬汁放入深口平底锅里，开盖煮13分钟。

组装和完成

将干层布里欧修放在16厘米的圆环模具里。在布里欧修上涂上杏仁奶油，随后涂上苹果泥。将烤箱预热至180℃。

将5个皇家嘎啦苹果和2个史密斯奶奶苹果去皮，每个切成两半，去核，再切成2毫米厚的片，随后将苹果片摆放在面团上。将苹果挞放进烤箱烤30分钟。烤制完成后，用刷子在挞上刷上榛子黄油。

B⁻

大黄酥皮挞

220克黄油
150克糖
220克T45面粉
2克丁香花蕾
300克杏仁碎粒
3根新鲜大黄

CROŪTE DE RHUBARBE

B
B
B   大黄酥皮挞

在搅拌碗里将黄油、糖、面粉和丁香花蕾一起搅拌直至起酥。放入杏仁碎粒，倒入带扁桨的搅拌机里搅拌均匀。

将烤箱预热至180℃。切掉大黄的尖端，去皮，随后切成长约8厘米的小段。

将面团放在模具底部，作为挞底。在中心放入大黄段，仅将大黄两端用面团盖住。放进烤箱烤40分钟。

小窍门

想要更加松脆，可以在挞模具里抹上黄油和糖。

FEUILLETÉ RU S
F Ui   É ÉS FRUiTS   S
FE i TÉS F   F UiTS
  UiLL É   UiTS F U   FRUiTS
    LÉTÉS   UiTS F   ÉS FRUiTS
            F   iTS F U L   T   RUiTS
      T   iTS FE LL TÉS FRUi S
      ÉTÉS   S F   iLLÉTÉS FRUiTS
        É   i   L É É   R
F iLLÉ   R i   L   i S
 UiLLÉ ÉS   iT   L T   i
 UiLLÉTÉS FRUiT
FEUiLLÉTÉS FRU TS
FEUiLLÉTÉS F iTS
FEUiLLÉTÉS FR i
FEUiLLÉ É F
FEUiLL É É F U
FEUiL ÉT S   iLL   É   S
F Ui   ÉS i   Ui ÉT S F i S
        S F UiT   L T S F U
  É iL   FRUi S F   ÉTÉ RUiTS
F UiL   S FR iTS F U   ÉS FRUiTS

准备时间：50 分钟

F⁻Ui L⁻⁻

烘烤时间：32 分钟

静置时间：1 小时 30 分钟

黑莓千层酥

千层布里欧修面团

300克牛奶
75克面包酵母
825克T45面粉
150克鸡蛋
12克细盐
50克细砂糖
75克软化黄油
450克起酥黄油

杏仁奶油

50克黄油
50克细砂糖
50克杏仁粉
50克鸡蛋

糕点奶油

900克牛奶
100克鲜奶油
15克新鲜百里香
180克蛋黄
180克糖
50克奶油粉
50克面粉
60克可可奶油
8片吉利丁片
100克黄油
60克马斯卡彭奶酪

黑莓果酱

250克冷冻黑莓
150克糖
5克NH果胶
1片吉利丁片
10克柠檬汁

组装和完成

250克新鲜黑莓

FEUILLETES MURES

黑莓千层酥

MŪ ¯S

11:00

千层布里欧修面团

按照第254页的说明制作千层布里欧修面团。

杏仁奶油

按照第259页的说明制作杏仁奶油。

糕点奶油

按照第259页的说明制作糕点奶油，将香草替换为百里香。在深口平底锅里将牛奶、奶油和百里香一起煮沸。

黑莓果酱

将吉利丁片放在冷水里使其膨胀。在深口平底锅里将黑莓与一半糖一起加热，随后将另一半糖和NH果胶混合，并将上述两者混合。煮沸1分钟，随后放入过筛后的柠檬汁和沥干的吉利丁片。

组装和完成

将烤箱预热至165℃。将面团放进直径16厘米、高3.5厘米的圆环模具中。将其放进烤箱烤20分钟。冷却。将杏仁奶油和新鲜黑莓涂在挞上。放回烤箱，以170℃再烤12分钟。冷却。涂上糕点奶油和黑莓果酱，随后小心地放上新鲜黑莓。

分秒千层酥

千层酥

黄油面团
330克起酥黄油
135克精白面粉

外层面团
130克水
12克盐
3克白醋
102克软化黄油
315克精白面粉

香草打发甘纳许

750克鲜奶油
4根大溪地香草荚
170克白巧克力
4片吉利丁片

香草糖衣

375克白杏仁
10克香草荚
250克糖
165克水

黄柠檬啫喱

500克柠檬汁
50克糖
8克琼脂

F U'L   FEUiLLETES   MiNUTE
分秒千层酥

千层酥

按照第255页的说明制作千层酥。

香草打发甘纳许

将吉利丁片放在水里使其膨胀。在深口平底锅里将500克鲜奶油与香草（剖开刮籽的香草荚和香草籽）一起加热，浸泡30分钟。过筛，随后与切碎的白巧克力和沥干的吉利丁片一起倒在搅拌碗里。用手持料理机打碎，随后放入剩下的鲜奶油。备用。

香草糖衣

按照第260页的说明制作香草糖衣。

黄柠檬啫喱

按照第261页的说明制作黄柠檬啫喱。

完成和烘烤

将烤箱预热至170℃，随后将千层酥夹在两张烘焙纸之间，放在烤盘上，再将一个烤盘盖在上面，以避免其在烘烤过程中膨胀得太大。放进烤箱烤20分钟。取下烤盘和烘焙纸，将千层酥纵向切成2.5厘米的长条。再将其裹上烘焙纸，盖上烤盘，放回烤箱再烤20分钟。取出放在烤盘上，将千层酥长条纵向并排摆好。待冷却后，用裱花嘴在千层酥上扎洞，挤入香草打发甘纳许。以同样的方式挤入香草糖衣和黄柠檬啫喱。

M'N   ̄

制作 8 人份

准备时间：45 分钟

烘烤时间：30 分钟

静置时间：40 分钟

巴斯克蛋糕

巴斯克酥饼面团

250克黄油
220克粗砂糖
90克鸡蛋
310克T55面粉
154克杏仁粉
16克化学酵母
3克盐

杏仁奶油

15克黄油
30克细砂糖
30克杏仁粉
125克鸡蛋

蓝莓酱

1千克野生蓝莓
10克NH果胶
100克细砂糖（两份50克）

组装和完成

1个蛋黄
新鲜蓝莓

GĀTEĀU BASQUE — U
巴斯克蛋糕

11:00

巴斯克酥饼面团

在搅拌碗里将黄油和粗砂糖混合。打入鸡蛋，随后放入面粉、杏仁粉、化学酵母和盐。用擀面杖将面团擀成3毫米厚，随后将其放进冷柜冷冻40分钟。

杏仁奶油

用带扁桨的搅拌机将黄油、粗砂糖和杏仁粉一起打发10分钟。然后再逐个打入鸡蛋，打发2~3分钟。

蓝莓酱

留下几颗新鲜蓝莓用于装饰。将蓝莓与50克细砂糖一起装在真空袋里。用100℃的蒸汽加热20分钟。将其倒在深口平底锅里，将剩下的50克细砂糖与NH果胶用带球桨的搅拌机搅拌均匀，放入锅中。煮沸3分钟，快速冷却，随后倒在裱花袋里。

组装和完成

将烤箱预热至175℃。将面团倒进矩形模具里，铺满模具的底部和四周。抹上杏仁奶油。将蓝莓酱倒在上面，随后放上几颗新鲜蓝莓。再放上1块矩形的巴斯克酥饼面团。

用刷子在面团上刷上一层蛋黄液。随后用叉子画出条痕。放进烤箱烤30分钟。

OPÉRA TIRA i U

OPÉRA

OPÉRA Ti AMi

Pi A TiRA iS

OPi A TIRAMISU

A TIRAMISU

Ti AMi

OPÉR Ti A iSU

OPi A TIRAMi

iRA TIRAMISU

歌剧院提拉米苏

咖啡软馅饼干

80克研磨咖啡粉
70克黄油
100克蛋黄
35克细砂糖（1）
10克淀粉
10克面粉
90克蛋清
70克细砂糖（2）

可可碎粒糖衣

180克榛子
64克可可碎粒
36克细砂糖
20克葡萄籽油
1克盐之花

巧克力甘纳许

260克黑巧克力
160克奶油
40克牛奶
50克葡萄糖
60克黄油

阿兰·杜卡斯秘鲁咖啡奶酱

1升牛奶
100克红糖
10克食用碳酸氢钠
30克研磨秘鲁咖啡粉

马斯卡彭奶酪慕斯

150克马斯卡彭奶酪
150克奶油
2个鸡蛋
20克红糖
5克研磨咖啡粉

巧克力饰面

100克可可黄油
100克调温黑巧克力

咖啡尚蒂伊奶油

250克奶油
25克马斯卡彭奶酪
15克细砂糖
5克秘鲁咖啡（粉/研磨粉）

咖啡糖衣

100克杏仁
15克水
50克细砂糖
2克盐之花
120克咖啡粒

中性镜面

140克牛奶
240克奶油
275克糖（1）
90克葡萄糖
25克淀粉
90克糖（2）
60克吉利丁片

咖啡凝胶

250克秘鲁咖啡（意式浓缩）
12克细砂糖
2克琼脂

OPĒRA TiRAMiSU
歌剧院提拉米苏

咖啡软馅饼干

将黄油和研磨咖啡粉用电动搅拌机一起打发。将蛋黄和细砂糖（1）一起打发直至变白。将面粉和淀粉过筛。将蛋清打发，放入细砂糖（2）使其变得紧实。

将蛋黄放入黄油和咖啡的混合物当中。随后慢慢放入打发的蛋白，接着放入面粉和淀粉，搅拌直至混合物变得均匀。

将面糊平铺在烤盘上，大约厚1厘米。以170℃烤大约13分钟，随后切成多个直径3厘米的圆片。

可可碎粒糖衣

将榛子放在铺了烘焙纸的烤盘上，放进烤箱180℃烤15分钟。

在深口平底锅里将细砂糖干炒一下，随后将其浇在榛子上面。撒入可可碎粒。将榛子、焦糖和可可碎粒的混合物用料理机打碎，随后放入葡萄籽油和盐之花。

用带扁桨的搅拌机将糖衣搅拌大约30分钟，做成带有松脆小颗粒的糖衣。

巧克力甘纳许

在深口平底锅里将牛奶、奶油和葡萄糖一起煮沸。随后放入黑巧克力使其乳化。用料理机搅拌均匀，随后放入黄油。

阿兰·杜卡斯秘鲁咖啡奶酱

在深口平底锅里将牛奶煮沸，随后放入红糖和碳酸氢钠。中火将其收汁至3/4的量，同时不停搅拌，做成25克奶酱。随后放入研磨秘鲁咖啡粉。

马斯卡彭奶酪慕斯

将所有配料放入搅拌机当中打发，直至做成慕斯。

巧克力饰面

将可可黄油放在深口平底锅里融化，随后倒在一个容器里，将其浇在调温巧克力上面，用料理机搅拌均匀。

咖啡尚蒂伊奶油

将所有配料一起用搅拌机搅拌均匀。

咖啡糖衣

将杏仁放在铺了烘焙纸的烤盘上，将其轻烤一下，以150℃烤大约15分钟。在深口平底锅里将水和细砂糖加热至110℃，放入杏仁。将杏仁裹上糖衣，随后加热直至呈现焦糖的颜色。将其倒在烘焙纸上冷却。待混合物冷却，用切碎搅拌机将其与盐之花和咖啡粒一起打碎，直至做成光滑的糖衣。

咖啡凝胶

在深口平底锅里将秘鲁咖啡加热，放入细砂糖和琼脂，随后煮沸。冷却，用料理机搅拌均匀，备用。

中性镜面

在深口平底锅里将牛奶、奶油、糖（1）和葡萄糖一起加热。将淀粉和糖（2）混合，撒入其中，煮沸。冷却至40℃，随后放入吉利丁片。用料理机搅拌均匀，过筛。

组装和完成

选用篮子形状的硅胶模具。先在每一个模具底部放入一块咖啡软馅饼干。随后放上可可碎粒糖衣，上面倒入巧克力甘纳许。

浇上咖啡奶酱，放入冷柜冷冻30分钟。最后涂上马斯卡彭奶酪慕斯，接着将做好的歌剧院蛋糕放回冷柜冷冻大约2小时30分钟。将巧克力饰面在深口平底锅里加热至35℃。

将歌剧院蛋糕脱模，将其用木签扎着浸入巧克力饰面当中。将其放在铺了烘焙纸的烤盘上。

将咖啡尚蒂伊奶油用搅拌机打发，随后用装有14毫米裱花嘴的裱花袋制作奶油花。最后，将咖啡糖衣、咖啡凝胶和中性镜面填满歌剧院蛋糕的内部。

制作 10 人份

准备时间：3 小时

烘烤时间：38 分钟

静置时间：4 小时 + 1 小时 30 分钟

香草焦糖圣奥诺雷蛋糕

千层酥

黄油面团
280克起酥黄油
110克精白面粉

外层面团
100克水
10克盐
2克白醋
80克软化黄油
250克精白面粉

糕点奶油

450克牛奶
50克鲜奶油
2根香草荚
90克蛋黄
90克糖
25克奶油粉
25克面粉
30克可可奶油
4片吉利丁片
50克黄油
30克马斯卡彭奶酪

泡芙面团

150克黄油
150克水
18克转化糖浆
6克盐
132克黄油
180克面粉
5个鸡蛋

焦糖

500克糖
100克干牛轧糖
200克水
50克葡萄糖

香草尚蒂伊奶油

500克淡奶油
100克马斯卡彭奶酪
17.5克糖
2.5根香草荚

11:00

SAINT-HONORÉ   H
香草焦糖圣奥诺雷蛋糕

千层酥

将烤箱预热至180℃。按照第255页的说明制作6层的千层酥。将千层酥用擀面杖擀成2毫米厚。用两个烤盘将千层酥夹住，放进烤箱以180℃烤30分钟。

糕点奶油

按照第259页的说明制作糕点奶油。

泡芙面团

按照第257页的说明制作泡芙面团。将面团放入装有6号裱花嘴的裱花袋里。将烤箱预热至220℃。在烤盘上挤出面团，放进烤箱以160℃烤8分钟。

焦糖

在搅拌碗里将糖和干牛轧糖混合。随后将其倒在深口平底锅里，放入水和葡萄糖，加热制成深色焦糖。用小刀扎泡芙，将泡芙的3/4浸入极热的焦糖之中。放在烤架上备用。

香草尚蒂伊奶油

在搅拌碗里放入所有配料，随后用手持料理机打碎。

组装和完成

在千层酥上切出直径16厘米的圆环。用裱花袋将糕点奶油挤在中心，随后在上面挤出香草尚蒂伊奶油球。放上焦糖泡芙。

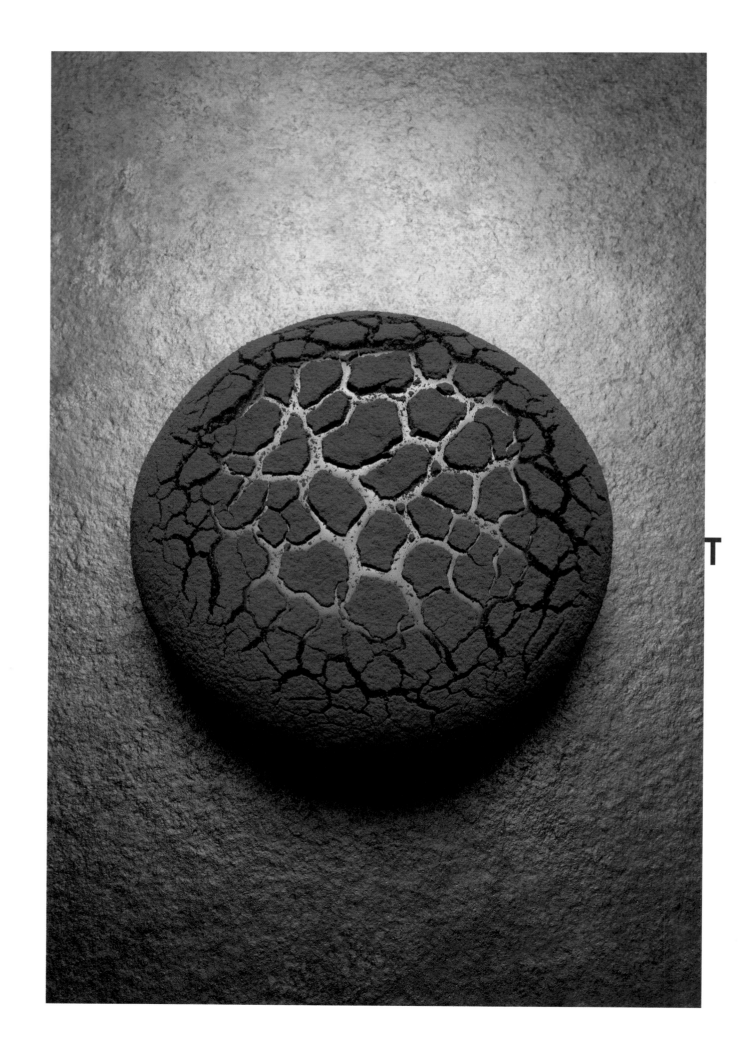

制作 10 人份

准备时间：1 小时 30 分钟

烘烤时间：40 分钟

静置时间：1 小时 + 24 小时 + 4 小时

T

可可特里亚农蛋糕

比斯基

160克黄油
200克粗砂糖
40克红糖
40克细砂糖
75克鸡蛋
320克T55面粉
8克盐之花
3克食用碳酸氢钠
100克榛子碎粒

巧克力奶酱

330克牛奶
80克蛋黄
30克糖
220克阿兰·杜卡斯调温巧克力
20克秘鲁纯可可膏
5片吉利丁片

榛子糖衣

200克榛子
80克糖
4克盐之花

榛子脆片

260克榛子糖衣
70克脆片饼干
1小撮盐之花
70克可可黄油

黑闪糖面

410克糖
150克水
140克可可粉
283克奶油
10片吉利丁片

组装和完成

10克可可粉

R 'A   TRiANON   CACAO

可可特里亚农蛋糕

比斯基

在带扁桨的搅拌机里将黄油与几种糖一起搅拌均匀。打入鸡蛋，随后放入面粉、盐之花和碳酸氢钠。最后放入榛子碎粒。用擀面杖将面团擀成3毫米厚的面皮。

巧克力奶酱

按照第259页的说明制作英式奶油。将调温巧克力和纯可可膏混合乳化。将其与英式奶油混合，放入沥干水的吉利丁片，用料理机打碎，随后放进冰箱冷藏1小时。

榛子糖衣

按照第260页的说明制作榛子糖衣。

榛子脆片

在搅拌碗里用刮铲将所有配料混合。

黑闪糖面

将吉利丁片泡在冷水里，使其膨胀。在深口平底锅里用糖和水制作糖浆，加热至106℃。然后放入可可粉和奶油。冷却至70℃，随后放入沥干的吉利丁片。用手持料理机打碎，随后过筛。放进冰箱冷藏24小时。

组装和完成

在直径16厘米的拉帕瓦尼卵石形模具里完成组装。将烤箱预热至180℃。将比斯基切出直径16厘米的圆环，放在铺有烘焙纸的烤盘上，放进烤箱烤25分钟。在模具底部铺上一层巧克力奶酱，直至边缘。制作内馅：在比斯基上铺上一层榛子脆片，将其放在模具的中心，随后再涂上一层巧克力奶酱，最后将其抹平，与模具等高。放进冷柜冷冻4小时。

将特里亚农蛋糕脱模。将黑闪糖面加热至40℃，将其倒在罐子里。将特里亚农蛋糕放在烤架上，将黑闪糖面浇在蛋糕上面。在蛋糕表面撒上大量可可粉，使其呈现裂纹状。

F

巧克力熔岩蛋糕

120克圭那亚巧克力
110克黄油
180克鸡蛋
120克粗砂糖
40克T55面粉
6克可可粉
10克牛奶

FONDANT

AU 巧克力熔岩蛋糕

CHOCOLAT 11:00

将圭那亚巧克力与黄油一起用隔水蒸锅融化。放入粗砂糖，随后放入鸡蛋、筛过的面粉和可可粉，最后放入牛奶。

在直径5.5厘米的圆环模具里铺上烘焙纸，放入面团，随后放入冷柜冷冻30分钟。

将烤箱预热至200℃。将熔岩蛋糕放进烤箱烤大约6分钟。

准备时间：15分钟

静置时间：2小时

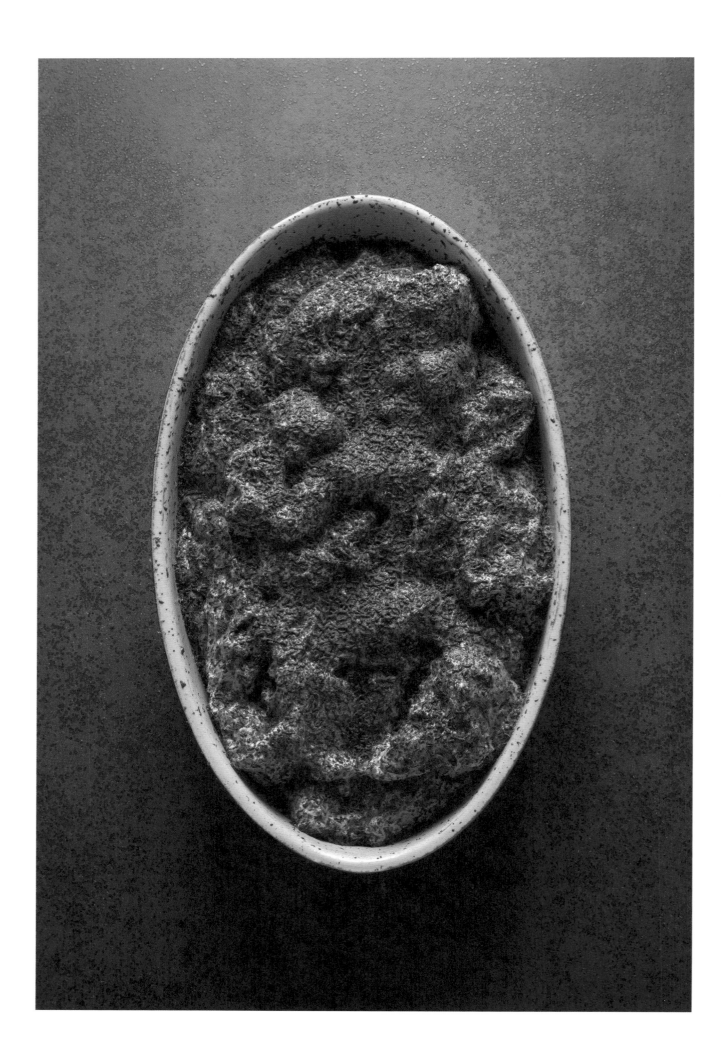

蛋白巧克力慕斯

英式奶油

330克牛奶
150克糖
200克蛋黄

巧克力慕斯

450克圭那亚巧克力
600克鲜奶油
180克蛋清

完成

40克圭那亚巧克力

BLANCS EN MOUSSE

CHOCOLATES 蛋白巧克力慕斯

11:00

英式奶油

用深口平底锅将牛奶加热，将糖和打发变白的蛋黄混合，将热牛奶浇在上面。再次加热至80℃。

制作

将英式奶油浇在用隔水蒸锅融化的圭那亚巧克力上。随后将其放入提前用打蛋器打发的奶油中。稍微搅拌，保留打发的奶油。将蛋清打发，加入奶油中，将其倒在模具里。将圭那亚巧克力擦成碎末撒在混合物上。放进冰箱冷藏2小时，取出后立即上桌。

制作 2 个饼（12 人份）

准备时间：1 小时 10 分钟

烘烤时间：55 分钟

静置时间：1 小时 30 分钟

健康谷物布列塔尼酥饼

千层布里欧修面团

825克T45面粉
12克细盐
50克细砂糖
150克鸡蛋
300克牛奶
75克面包酵母
75克软化黄油
450克起酥黄油

谷物膏

40克亚麻籽
30克南瓜子
20克擦碎的椰肉
23克松子
50克杏仁
18克黑芝麻
18克白芝麻
8克奇亚籽
30克糖粉
16克橄榄油

谷物奶油

240克杏仁粉
260克黄糖
260克黄油
250克鸡蛋
5克土豆淀粉
250克谷物膏

装饰

软化黄油
粗砂糖
烤谷物

GALETTE CEREALES

HEALTHY
健康谷物布列塔尼酥饼

千层布里欧修面团

按照第254页的说明制作千层布里欧修面团。

谷物膏

将烤箱预热至160℃。将除杏仁以外的所有谷物和干果放在烤盘上，烤10分钟。留下几颗完整的谷物，用来装饰酥饼。放入橄榄油和糖粉。将做成的混合物用粉碎搅拌机一起打碎，直至做成均匀的膏状。

谷物奶油

用搅拌机将杏仁粉、黄糖、黄油和土豆淀粉一起搅拌至少10分钟。打入鸡蛋，打发2～3分钟。放入谷物膏，搅拌均匀。倒在裱花袋里。

组装和烘烤

将烤箱预热至165℃。将千层布里欧修面团擀至3毫米厚。在面皮上放上1个直径24厘米的圆环模具，用刀沿着边缘切除多余的面皮。再用1个直径22厘米的圆环模具重复上述动作。在第2张面皮的中央涂上谷物奶油，不要碰到边缘（留出大约5厘米）。随后将较大的第1张面皮放在上面。从上方按压，使上下两张面皮粘在一起。最后，将其放在直径18厘米的圆形模具里，用刀沿着边缘切掉多余的面皮。

装饰

在防粘烤垫（Silpat）上涂上软化黄油，随后撒上粗砂糖以及剩下的烤谷物，将酥饼放在上面。在酥饼上扣上一个直径19厘米的圆环模具。放进烤箱烤大约45分钟。取出，将酥饼翻转。

制作 2 个酥饼（12 人份）

准备时间：1 小时 10 分钟

烘烤时间：45 分钟

静置时间：1 小时 30 分钟

开心果布列塔尼酥饼

千层布里欧修面团

825克T45面粉
12克细盐
50克细砂糖
150克鸡蛋
300克牛奶
75克面包酵母
75克软化黄油
450克起酥黄油

开心果奶油

240克开心果粉
260克黄糖
260克黄油
260克鸡蛋

装饰

软化黄油
粗砂糖
100克整颗的开心果

开心果布列塔尼酥饼

GALETT PISTACHE P T

11:00

千层布里欧修面团

按照第254页的说明制作千层布里欧修面团。

开心果奶油

用搅拌机将开心果粉、黄糖和奶油一起搅拌至少10分钟。打入鸡蛋,打发2~3分钟。倒入裱花袋中。

组装和烘烤

将烤箱预热至165℃。将面团擀至3毫米厚。将直径24厘米的圆环模具放在擀平的面皮上,用刀沿着边缘切掉多余的部分。

用一个直径22厘米的圆环模具重复上述步骤。在第2张面皮的中心抹上开心果奶油,不要碰触面皮的边缘。

装饰

随后将第1个较大的面皮盖在上面。从上方按压,使两张面皮黏合在一起。最后在酥饼上放置直径18厘米的圆环模具作为参考,用刀沿着边缘切掉多余的部分。在防粘烤垫上抹上软化黄油,随后撒上粗砂糖以及剩下的开心果,将酥饼放在上面。在酥饼上套上直径19厘米的圆环模具。放进烤箱烤大约45分钟。脱模,将酥饼翻转。

制作 3 个布里欧修

准备时间：1 小时

烘烤时间：12 ~ 13 分钟

静置时间：1 小时 + 2 小时 30 分钟

糖粉布里欧修

布里欧修面团

330克T45面粉
8克盐
40克细砂糖
13克有机面包酵母
150克鸡蛋
50克全脂牛奶
165克黄油

完成和烘烤

50克咸味黄油
40克细砂糖

AU SUCRE

BRiOCHE 糖粉布里欧修

11:00

布里欧修面团

在带搅拌钩的搅拌机放入除了黄油以外的所有配料，用1挡速度搅拌35分钟。放入黄油，再用2挡速度搅拌8分钟。蒙上潮湿的厨房布，在室温下静置1小时。

完成和烘烤

将面团切成3个350克的面块，揉成面球。将其放在提前抹过黄油的圆形铝制模具中，在室温下（大约24℃）静置2小时30分钟。

将烤箱预热至170℃。用手指在面团上按出浅窝，放入咸味黄油。撒上细砂糖。放进烤箱，烤12～13分钟。

制作 6 个中等大小的脆鸡蛋

准备时间：1 小时

烘烤时间：15 分钟

静置时间：15 分钟

脆鸡蛋

榛子糖衣
500克榛子
200克糖
10克盐之花
70克可可黄油
70克脆片饼干

巧克力饰面
500克可可含量70%的调温黑巧克力
500克可可黄油

鸡蛋饰面
250克调温白巧克力
250克可可黄油
12克橙色脂溶性着色剂

鸡蛋效果
白巧克力
牛奶巧克力
黑巧克力或者植物炭烧巧克力

工具
鸡蛋模具

155

OEUFS

CROUSTILLANTS 脆鸡蛋

N S

11:00

榛子糖衣

将烤箱预热至150℃。将榛子放在烤盘上，放进烤箱烤15分钟。

在深口平底锅里放入糖，干炒成焦糖。

在粉碎搅拌机里将榛子、焦糖和盐之花一起打碎，随后用扁桨搅拌均匀。接着放入可可黄油和脆片饼干。

巧克力饰面

在深口平底锅里将调温黑巧克力与可可黄油一起加热，随后用料理机打碎。巧克力饰面应在45℃下使用。

鸡蛋饰面

按照巧克力饰面的方法制作。

组装和完成
巧克力成型

用深口平底锅将巧克力饰面加热至55℃。将其浇在大理石案板上。用蛋糕刀搅拌巧克力，使其冷却至27℃。将巧克力放在搅拌碗里隔水加热，随后在45℃下使其膨胀。

入模

将蛋形模具的两个半球分别涂上巧克力饰面。然后涂上榛子糖衣。再涂一层巧克力饰面。将两个半球组装起来。放进冰箱冷藏15分钟。

鸡蛋效果

将蛋形球体脱模。用喷枪喷上鸡蛋饰面。随后用刷子点上巧克力着色剂。

旅行蛋糕

GATEAUX DE VOYAGE   GAT⁻   VOYAGE
GATEAUX DE VOYAGE   AT⁻ U   YA E
GATEAUX D⁻ VOYAGE   GA EA   V   E
GAT⁻A   E VOYAGE   GATEAU   Y
GATE UX ⁻ V YAGE   GATE   E
         E VOYAGE   GA ⁻ X D⁻   YAGE
      X DE VOYA E   GAT A   E V YAGE 157
GATEAU   E   YAGE   ⁻   DE V YAGE
GAT⁻A X D VO AG⁻   E V YAGE
 A EA   DE OYAG   ⁻   OYAGE
 ATEA X DE V   EAUX D⁻ VOYAGE
GAT⁻ U DE VO A   E   ⁻   A   E
G   VOYA   ⁻
G   11:00
GA EA   A DE
 ATE U   AU DE V
                    ⁻ V
                   A X   VOYAG⁻
                   AUX ⁻   YAG
                    ⁻   OY E
                         YA

GATE   A X D⁻ VOY   ⁻
 ⁻   X D⁻ VOYAG
GA E   AUX DE OYAGE
GATE U   AUX DE V AGE

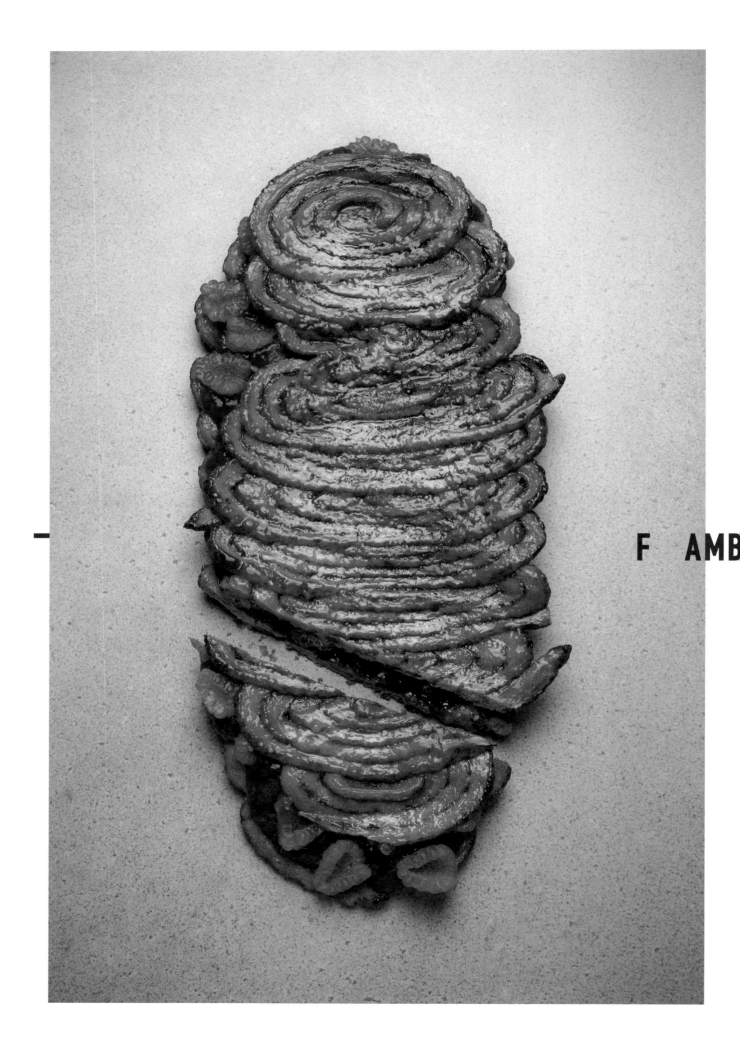

F AMB

覆盆子脆饼

千层酥

黄油面团
280克起酥黄油
110克精白面粉

外层面团
100克水
10克盐
2克白醋
80克软化黄油
250克精白面粉

脆饼
500克千层酥
150克糖

覆盆子果酱
500克覆盆子
75克覆盆子汁
150克糖
50克葡萄糖粉
3克NH果胶
3克酒石酸

组装和完成
新鲜覆盆子

CROUSTILLANT T

FRAMBOISE 覆盆子脆饼　　11:00

千层酥

按照第255页的说明制作6层的千层酥。将千层酥面团擀成2毫米厚。

脆饼

用刷子将千层酥面团的两面蘸湿。在面团整个表面撒上糖。将其卷成筒状，随后放进冰柜冷冻1小时。

将烤箱预热至170℃。将面团切成1厘米的小段，将其平放在烘焙纸上，并排摆好。在上面再盖上一张烘焙纸，用擀面杖擀成3毫米厚。将其放在烤盘上，放进烤箱烤25分钟。

覆盆子果酱

用深口平底锅将糖和覆盆子汁加热至115℃。放入覆盆子。煮至覆盆子出水，放入葡萄糖粉、NH果胶和酒石酸，加热至104℃。倒出备用。

组装和完成

组装脆饼：在一片脆饼上涂上一半覆盆子果酱，随后放上另一片脆饼。放上几颗新鲜覆盆子，以增加些许趣味。

谷物棒

70克黄油
50克粗砂糖
30克红糖
22克葡萄糖
140克大块燕麦
60克开心果
30克烤芝麻
30克亚麻籽
12克蜂蜜
80克切成4块的无花果干
80克蔓越莓干

BARRES AUX CÉRÉALES

谷物棒

11:00

在深口平底锅里将黄油、粗砂糖、红糖和葡萄糖一起煮沸。另外将所有水果和谷物混合。在煮沸的糖浆里放入蜂蜜以及水果和谷物的混合物，搅拌均匀。将烤箱预热至180℃。将混合物倒在3.5厘米×5.5厘米的不锈钢矩形小模具中，放进烤箱烤12～15分钟。谷物棒应当保持浅色。从烤箱中将谷物棒取出，脱模冷却。

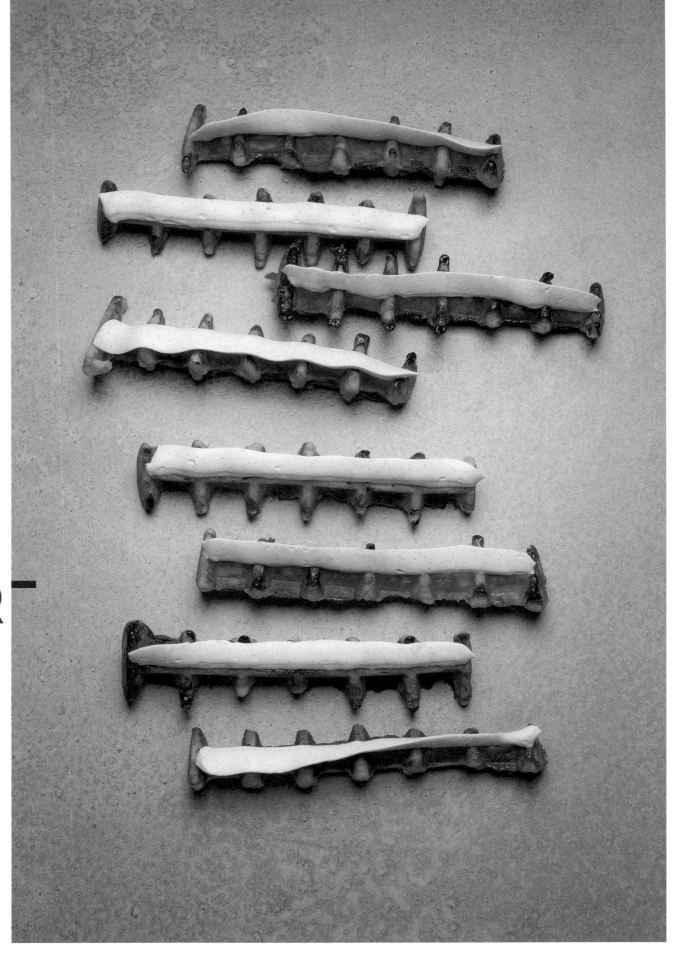

准备时间：20 分钟

BA R

烘烤时间：2 分 30 秒

华夫饼棒

500克泡过香草的牛奶

400克榛子黄油

2根香草荚

460克T55面粉

6克盐

220克蛋清

40克细砂糖

90克粗砂糖

150克糖粒

GAUFRES

DE 华夫饼棒

-

BARRES

在深口平底锅里将牛奶、榛子黄油和香草荚混合，加热至40℃。将做成的奶糊分3次浇在面粉、粗砂糖和盐的混合物上，制成富有弹性的面团。用带球桨的搅拌机将蛋清打发，随后放入细砂糖。将蛋白和细砂糖的混合物与面粉小心地混合。在烘烤前加入糖粒，放在华夫饼模具里烤大约2分30秒。将华夫饼切成棒状。根据您的喜好，搭配尚蒂伊奶油或者其他配料。

制作 6 人份

准备时间：1 小时

烘烤时间：6 分钟

FiN

费南雪蛋糕

榛子费南雪蛋糕

60克榛子粉

100克糖粉

40克面粉

100克蛋清

100克榛子黄油

1根香草荚

160克糖渍柠檬

浓稠焦糖

200克鲜奶油

50克牛奶

50克葡萄糖（1）

1根香草荚

100克糖

100克葡萄糖（2）

1小撮盐之花

75克黄油

组装和完成

150克碾碎的烤榛子

FiNANCiERS
费南雪蛋糕

11:00

榛子费南雪蛋糕

用带扁桨的搅拌机将榛子粉、糖粉和面粉混合。放入室温下的蛋清，随后放入温热的榛子黄油。冷却。放入糖渍柠檬和剖开刮籽的香草荚。倒入装有裱花嘴的裱花袋备用。

浓稠焦糖

在深口平底锅里将鲜奶油、牛奶、葡萄糖（1）、香草荚和盐之花一起加热。另外将糖和葡萄糖（2）一起加热至185℃，随后倒入加热的奶油来溶化焦糖。加热至105℃，随后将混合物过筛。待焦糖降至70℃时放入黄油。用料理机打碎。

组装和完成

将烤箱预热至170℃。用裱花袋在费南雪蛋糕模具里挤入面糊，与模具等高，随后在上面撒上碾碎的烤榛子，放进烤箱烤6分钟。从烤箱中取出，脱模，冷却大约15分钟。最后用装有裱花嘴的裱花袋将焦糖从底部挤入费南雪蛋糕中。

香草糖粒泡芙

泡芙面团

150克牛奶
150克水
18克转化糖浆
6克盐
130克黄油
180克面粉
5个鸡蛋
40克糖粒

糕点奶油

450克牛奶
50克鲜奶油
2根香草荚
90克细砂糖
25克奶油粉
25克面粉
5个蛋黄
30克可可奶油
4片吉利丁片
50克黄油
30克马斯卡彭奶酪

外交官奶油

500克糕点奶油
150克鲜奶油

组装和完成

糖粒
香草粉

CHOUQUETTES VANILLE 香草糖粒泡芙

11:00

泡芙面团

按照第257页的说明制作泡芙面团。将烤箱预热至180℃。用螺纹裱花嘴在防粘烤盘上挤出每个重25克的泡芙。撒上糖粒，将泡芙放进烤箱烤30分钟。

糕点奶油

按照第259页的说明制作糕点奶油。

外交官奶油

在冷藏过的搅拌碗里将鲜奶油打发成尚蒂伊奶油。用刮铲将尚蒂伊奶油小心地与糕点奶油混合。

组装和完成

将外交官奶油倒在带4毫米裱花嘴的裱花袋里，在泡芙下方戳洞，挤入外交官奶油。撒上糖粒和香草粉。

TAT

准备时间：2 小时

烘烤时间：10 ~ 12 分钟

静置时间：一小时

R

奶油挞

布里欧修面团	完成和烘烤
500克T45面粉	小麦面粉
12克盐	咸味黄油
60克细砂糖	伯尼昂布克（Borniambuc）奶油
20克有机酵母	细砂糖
225克鸡蛋	
75克全脂牛奶	
250克黄油	
50克高脂厚奶油	

TARTE
À LA 奶油挞

CRÈME

11:00

布里欧修面团

按照第254页的说明制作布里欧修面团。在揉面快要结束时放入高脂厚奶油。

完成和烘烤

将烤箱预热至180℃。将面团分成每个450克的小面团。在案板上撒上小麦面粉，用擀面杖将每个小面团擀成不规则的椭圆形，将伯尼昂布克奶油和咸味黄油小丁揉进面块当中。撒上细砂糖。放进烤箱烤10～12分钟。

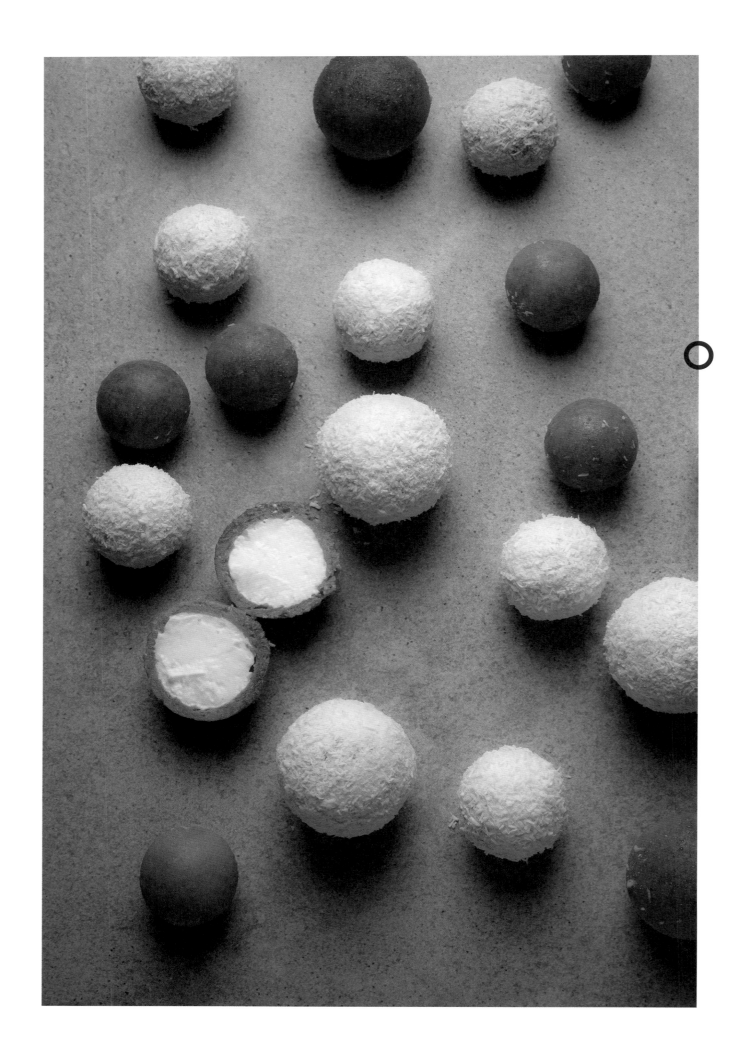

准备时间：3 小时

烘烤时间：15 分钟 + 15 分钟

静置时间：1 小时 + 1 小时

椰心球

椰子打发甘纳许

140克白巧克力
4片吉利丁片
530克鲜奶油
120克椰肉泥

椰子糖衣

320克椰蓉
100克整颗的杏仁
120克糖
3克盐之花

组装和完成

椰蓉

CŒURS

DE COCO

椰心球

11:00

椰子打发甘纳许

将吉利丁片泡在水里，使其膨胀。在深口平底锅里将一半鲜奶油加热，随后过筛，将其浇在提前融化的白巧克力和沥干的吉利丁片上。用手持料理机打碎。放入椰肉泥和剩下的鲜奶油，再次搅拌。

椰子糖衣

将烤箱预热至150℃。将椰蓉铺在防粘烤盘上，放进烤箱，将椰蓉均匀地烤15分钟。随后以同样的方式烤杏仁。将烤好的椰蓉和杏仁混合。用糖以170℃的温度干煎制作金色焦糖，将其浇在混合物上面。放入盐之花。用粉碎搅拌机或者料理机打碎。

组装和完成

将椰子打发甘纳许倒在直径3.5厘米的半球形硅质模具里。将其放进冷柜冷冻1小时。将椰子糖衣倒在直径4.5厘米的半球形模具里，将冷冻好的椰子打发甘纳许半球放在中心。在上面放上另一个半球模具。最后从模具上方的小孔灌入椰子糖衣。将椰子球放进冷柜冷冻1小时。

将椰子球脱模，裹上椰蓉，即可品尝。

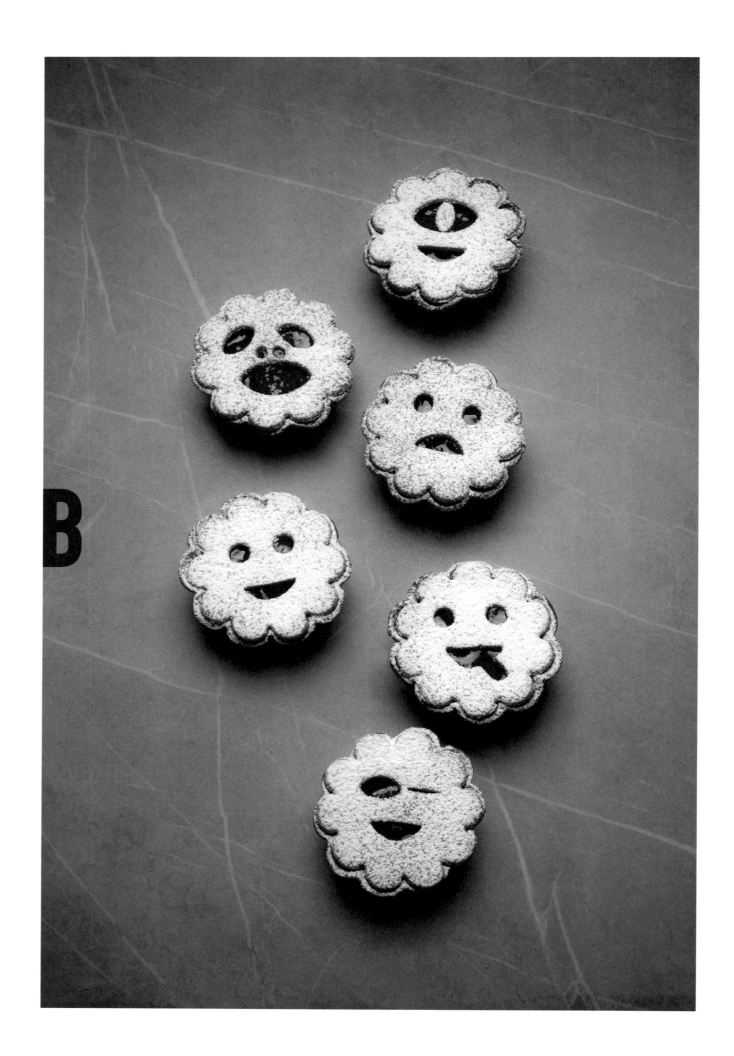

B

覆盆子眼镜蛋糕

甜酥面团

150克黄油
95克糖粉
30克杏仁粉
1克盖朗德盐
1克香草粉
1个鸡蛋
250克T55面粉

杏仁奶油

75克黄油
75克细砂糖
75克杏仁粉
75克鸡蛋

覆盆子果酱

250克冷冻覆盆子
150克糖
5克NH果胶
10克柠檬汁

组装和烘烤

新鲜覆盆子
糖粉

FRAMBOiSES
LUNETTES 覆盆子眼镜蛋糕

11:00

甜酥面团

按照第257页的说明制作甜酥面团。

将烤箱预热至160℃。将面团擀成2毫米厚的面团，放入直径5厘米、高2.5厘米、提前抹过黄油的圆环模具中。保留未使用的面团。将模具放在铺有烘焙纸的烤盘上，放进烤箱，烤15分钟。

杏仁奶油

按照第259页的说明制作杏仁奶油。倒在裱花袋里备用。

覆盆子果酱

按照第261页的说明制作覆盆子果酱。

组装和烘烤

将剩下的甜酥面团擀成2毫米厚的面皮，用切模切好，放在直径5厘米的圆环模具中。按照您的喜好用裱花嘴制作笑脸。在提前烤好的挞底的下半部分填入杏仁奶油，摆上几个新鲜覆盆子。在上半部分填入覆盆子果酱。最后在上面放上笑脸。以180℃烤15分钟。冷却15分钟，撒上糖粉，即可品尝。

超大号巧克力曲奇

200克黄油
200克粗砂糖
100克细砂糖
50克红糖
100克鸡蛋
400克T55面粉
10克盐之花
340克巧克力碎屑（1）
100克巧克力碎屑（2）
100克花生

COOKiE

11:00

X
L
XXL 超大号巧克力曲奇

　　用带扁桨的搅拌机将黄油与粗砂糖、细砂糖和红糖混合。打入鸡蛋，随后放入面粉和盐之花。最后放入巧克力碎屑（1）。将烤箱预热至165℃。将曲奇面团放在圆形模具里，放进烤箱烤15分钟。将模具从烤箱中取出，撒上巧克力碎屑（2）和花生，放回烤箱以同一温度再烤3分钟。

TSH

甜品碗

J H

柔佛咖啡

研磨咖啡泥

250克咖啡豆
50克糖粉
140克葡萄籽油

咖啡尚蒂伊奶油

250克鲜奶油
25克马斯卡彭奶酪
15克红糖
5克磨碎的猫屎咖啡

咖啡冰激凌

400克牛奶
250克鲜奶油
120克蛋黄
30克红糖
60克研磨咖啡粉
2克稳定剂

咖啡花边饼

100克蛋清
80克糖粉
40克面粉
430克水
40克融化的黄油
3克盐
25克磨碎的猫屎咖啡

CAFÉ

JOHOR
柔佛咖啡

15:00

研磨咖啡泥

用粉碎搅拌机将所有配料一起打碎，直至获得光滑质地的咖啡泥。

咖啡尚蒂伊奶油

在搅拌碗里将所有配料混合，用手持料理机打碎。

咖啡冰激凌

制作英式奶油。在深口平底锅里将牛奶、鲜奶油、研磨咖啡粉和稳定剂一起煮沸。将蛋黄与红糖一起打发，直至变白。将牛奶和鲜奶油的混合物浇在打发变白的蛋黄上。再次加热直至80℃。将做好的英式奶油倒在搅拌碗里，与咖啡泥混合。用手持料理机打碎，随后用离心搅拌机打碎。倒在冷藏过的沙拉碗里，放进冷柜，根据需要冷冻12～24小时。

咖啡花边饼

在搅拌碗里用打蛋器将蛋清、糖粉和筛过的面粉混合。在深口平底锅里倒入水、融化的黄油和盐，煮沸，随后浇在之前的混合物上面。放进冰箱冷却大约1小时。

将烤箱预热至170℃。将花边饼面糊倒在装有裱花嘴的裱花袋里。在裱花袋上剪一个小洞，随后在防粘烤盘上挤出格栅的形状（参见照片）。在每个格栅上撒上磨碎的猫屎咖啡，放进烤箱烤40分钟。

摆盘

用搅拌机将咖啡尚蒂伊奶油打发。在碗底放入咖啡泥，放上2汤勺咖啡尚蒂伊奶油。将一份咖啡冰激凌放在尚蒂伊奶油上。小心地将咖啡花边饼格栅放在冰激凌上。

焦糖大米脆片

牛奶大米布丁

250克意大利卡纳诺利大米（carnaroli）

500克牛奶

1根香草荚

50克打发的奶油

1汤匙橄榄油

膨化黑白米

50克黑米

50克意大利卡纳诺利大米

150克葵花籽油

大米冰激凌

400克牛奶

235克鲜奶油

300克巴斯马蒂印度香米（basmati）

70克糖

50克葡萄糖粉

4克稳定剂

大米膨化瓦片饼

60克意大利卡纳诺利大米

10克蛋清

摆盘

粗砂糖

CHIPS DE RIZ CARAMELISEES

焦糖大米脆片

A AM

15:00

牛奶大米布丁

将刮籽的香草荚泡在牛奶中。在深口平底锅里将大米用1汤匙橄榄油轻轻炒至透明，随后倒入泡过香草荚的牛奶，用文火煮大约18分钟。随后趁热放入打发的奶油，备用。

膨化黑白米

将两种米倒在深口平底锅里，放入少许葵花籽油炒制，使其膨化。

大米冰激凌

将牛奶、鲜奶油和巴斯马蒂印度香米在低温下混合。将其倒入深口平底锅中，加热至35℃~40℃；将糖、葡萄糖粉和稳定剂混合，放入其中，接着煮沸。倒出冷却，随后用离心搅拌机打碎。

大米膨化瓦片饼

将烤箱预热至180℃。将大米用水煮8分钟，沥干。用蛋糕刀将其与蛋清混合。将混合物平铺在防粘烤盘上，放进烤箱烤6~8分钟。

摆盘

在碗底放入1汤匙牛奶大米布丁。撒入少许粗砂糖，用焊枪加热制成焦糖。放入膨化黑白米，随后放入大米冰激凌，放上1片大米膨化瓦片饼。

CHiPS DE   iZ   HiPS DE RiZ CARAM
CHiPS E iZ CA A ̄ iSEE   ̇S ̄ RiZ   AR
CHiPS Dc R ̇Z CARAME iS ̄   S DE RiZ
CHiPS DE   iZ CARAM Li   ̄
CHiPS DE R ̇   ARA cLi EES HiP   ̄   MELi EES
  HiPS DE R ̇ C   M ̇S S   iPS   ̄
  HiPS DE R ̇Z   ı c
    iP   E   iZ   cLiS ̄ S
CHiPS DE RiZ   AM ̄ i ̄ ̄S
CH ̇P   ̄   ı   ARAM
CH ̇P D ̄   ̇   C RAM ̄
CHiPS   CA A ̄ ̇
    iPS   ̄ S
      ̇   A ELiSEE
    S DE   iZ   CA A EL ̇ EE
CHi   DE R ̇   RAMELiSE
CHiP   ̄   A   Li EE
CHiPS   ̄L ̇ EE
CHiPS   c   E i   ̇PS D ̄   A A   EES
CHiPS DE RiZ   ELi   CHi   D ̄   A   ̄ iS ̄ ̄
CHiP E ̇   ELı   iP DE   A L ̇S ̄
CHiPS Dc   ARA E iSEES HiPS DE Ri   AR   ̇S ̄EES
CHiPS c   CAR MELiSEE   iPS D ̄ ̇Z
CHi D ̄   CARAMELiS ̄ CH ̄ D ̄ iZ
C   E ̄   ARAMELi   ̇
  ̇   D ̄   CARAMELi   iPS
       ̄   CARA ̄ ı   HiPS ̄ R Z   c i
   i S   AMEL ̇   CHiPS DE i ARAM ̄LiS ̄ES
CHiP   ELı   CHiPS DE RiZ C RAMc iSEE
CHiPS   Z   M i   iP DE Rı CARAMEL ̇SEE
CHiPS DE Ri   HiPS DE RiZ CARAMELi ̄ S
CHiPS DE RiZ A   iPS DE RiZ CARAMELiSEE
CHiPS DE RiZ CA   ̇S DE RiZ CARAMELiSEES
CHiPS DE RiZ CA   E C ̇   iZ CARAMELiSEES

M⁻N

格兰诺拉麦片甜瓜

甜瓜啫喱

1个黄色甜瓜
60克水
110克糖
5克NH果胶

马鞭草胡椒柠檬啫喱

200克过筛的新鲜黄柠檬汁
60克水
3克马鞭草胡椒
13克糖
5克琼脂

格兰诺拉麦片

200克燕麦片
75克荞麦粒
30克黑藜麦
30克红藜麦
25克南瓜子
15克松子
60克薰衣草蜂蜜
30克蛋清
15克葡萄籽油

甜瓜干瓦片饼

200克橙色和绿色甜瓜片
50克30℃糖浆（参见第261页）

甜瓜雪芭

250克水
125克糖
7克冰激凌稳定剂
50克葡萄糖粉
2个甜瓜

摆盘

1个黄色甜瓜
1个绿色甜瓜

格兰诺拉麦片甜瓜 **MELON**

GRANOLA *15:00*

甜瓜啫喱

用搅拌机将所有配料一起打碎，随后倒在深口平底锅里，煮沸。

马鞭草胡椒柠檬啫喱

用深口平底锅将黄柠檬汁、水和马鞭草胡椒一起加热，随后放入糖和琼脂的混合物。煮沸2分钟。待混合物冷却后，用手持料理机打碎，倒在裱花袋里备用。

格兰诺拉麦片

将烤箱预热至160℃。将所有配料混合，将混合物撒在烤盘上。放进烤箱烤20分钟。

甜瓜干瓦片饼

按照第261页的说明制作30℃糖浆。将烤箱预热至60℃。

用刀将甜瓜切成薄片，用刷子在甜瓜片上刷上一层糖浆。将甜瓜片放在烤盘上，放进烤箱烤制至少1小时30分钟。

甜瓜雪芭

在搅拌碗里用手持料理机将水、糖、冰激凌稳定剂和葡萄糖粉搅拌均匀。将甜瓜打碎过筛，冷藏之后放入其中。再次搅拌均匀，随后用离心搅拌机打碎。将做好的雪芭放在沙拉碗里，放进冰柜冷冻。

摆盘

在碗里挤入甜瓜啫喱和马鞭草胡椒柠檬啫喱。放入格兰诺拉麦片，再放入新鲜的黄色甜瓜片和绿色甜瓜片，随后放入甜瓜干瓦片饼。最后放入少许甜瓜雪芭。

准备时间：一小时

SU┳T┳

SUGGETTES

静置时间：24小时

草莓棒棒糖

草莓雪芭

1千克草莓

50克转化糖浆

25克糖

10克冰激凌稳定剂

草莓酱

250克成熟草莓（绝对不要将草莓放进冰箱）

13克糖

13克葡萄糖粉

1克NH果胶

1克酒石酸

摆盘

500克新鲜草莓

125克玛拉波斯草莓（Mara des bois）

嫩罗勒叶

橄榄油

S F

FRAiSES 草莓棒棒糖

15:00

草莓雪芭

将所有配料放在1个罐子里。将罐子放在深口平底锅里，将锅里的水煮至微沸，加热1小时。放进冰箱冷藏24小时。用手持料理机打碎，随后用离心搅拌机打碎。将草莓雪芭盛在冷藏过的沙拉碗里，放进冷柜备用。

草莓酱

用搅拌机将所有配料打碎，倒在深口平底锅里，加热至105℃。

摆盘

在碗底放入草莓酱，将新鲜草莓挖洞，填入草莓雪芭，放入碗中，随后放入嫩罗勒叶、玛拉波斯草莓和橄榄油。

蜂蜜珊瑚

生姜慕斯

225克羊奶酸奶

50克生姜汁

250克鲜奶油

200克白奶酪

60克蛋清

40克糖

80克巴黎歌剧院蜂蜜

膨化黑、红、白藜麦

50克黑藜麦

50克红藜麦

50克白藜麦

葵花籽油

生姜雪芭

200克水

250克生姜汁

60克糖

30克新鲜生姜

100克牛奶

藜麦瓦片饼

2个鸡蛋

70克蛋清

140克红糖

30克黑藜麦

30克红藜麦

30克白藜麦

摆盘

巴黎歌剧院蜂蜜

189

MIEL
CORAiL 蜂蜜珊瑚

■　■　■

15:00

生姜慕斯

提前1天将羊奶酸奶与生姜汁混合。将鲜奶油打发，不要打得过于紧实。用打发的蛋清和糖制作蛋白霜。用刮铲将3种混合物混合。放入白奶酪。将其过筛，随后将蜂蜜倒在裱花袋里，不规则地撒在上面，做成类似自然凝乳的状态。放进冰箱冷藏24小时。

膨化黑、红、白藜麦

将3种藜麦和少许葵花籽油倒在深口平底锅里，使藜麦膨化。

生姜雪芭

在深口平底锅里将所有配料煮沸，用手持料理机打碎，过筛，再用离心搅拌机打碎。将做成的生姜雪芭盛在冷藏过的沙拉碗里，放进冷柜。

藜麦瓦片饼

将烤箱预热至180℃。在搅拌碗里将所有配料混合，随后将混合物倒在防粘烤盘上。撒上提前在深口平底锅里膨化的黑红白藜麦（留下少许用于摆盘）。放进烤箱烤8～10分钟。

摆盘

将热蜂蜜装在裱花袋里，在碗里挤出几缕蜂蜜。撒上膨化黑、红、白藜麦。放入1大勺生姜慕斯。用汤匙将生姜雪芭压扁，再用刮铲将雪芭盛到筛子上过筛，将筛子翻转，收集形成珊瑚形状的生姜雪芭。最后放上1片藜麦瓦片饼。

S

盐味可可

松露甘纳许

100克牛奶
150克鲜奶油
15克葡萄糖
70克孟加里黑巧克力（Manjari）
135克加勒比黑巧克力
50克精炼黄油

栗子冻

170克牛奶
30克蛋黄
70克糖渍栗子
130克栗子泥
4克苍耳烷

可可豆碎糖衣

300克榛子
160克糖
60克水
6克盐之花
130克可可豆碎
40克葡萄籽油

巧克力雪芭

700克牛奶
160克鲜奶油
160克细砂糖
35克红糖
25克奶粉
15克可可粉
5克稳定剂
140克秘鲁巧克力块

CACAO 盐味可可
SEL

15:00

松露甘纳许

在深口平底锅里将牛奶、鲜奶油和葡萄糖一起煮沸，随后与孟加里黑巧克力一起乳化。用手持料理机打碎，不要混入空气。随后放入精炼黄油。搅拌均匀，随后放在室温下备用。

栗子冻

按照第259页的说明制作英式奶油（不加糖）。将英式奶油倒在用冷水冲洗过的糖渍栗子和栗子泥上，用手持料理机打碎。放入苍耳烷，再次搅拌。

可可豆碎糖衣

将烤箱预热至160℃。将榛子放在烤盘上，放进烤箱烤15分钟，只需将榛子烤干即可。在深口平底锅里将糖和水一起加热至180℃，做成焦糖。将其浇在榛子上面。冷却。将焦糖和榛子碾碎，用粉碎搅拌机搅拌10分钟。放入烤过的可可豆碎，继续搅拌3分钟，最后放入葡萄籽油和盐之花。继续搅拌2分钟。

巧克力雪芭

在深口平底锅里将牛奶和鲜奶油一起加热。待温度达到45℃时，放入细砂糖、红糖、奶粉、可可粉和稳定剂，煮沸。随后将做成的混合物浇在秘鲁巧克力块上面。用手持料理机打碎。

摆盘

在碗里挤入一圈松露甘纳许，在其上挤上一圈栗子冻。在旁边撒上可可豆碎糖衣，放上一份巧克力雪芭。

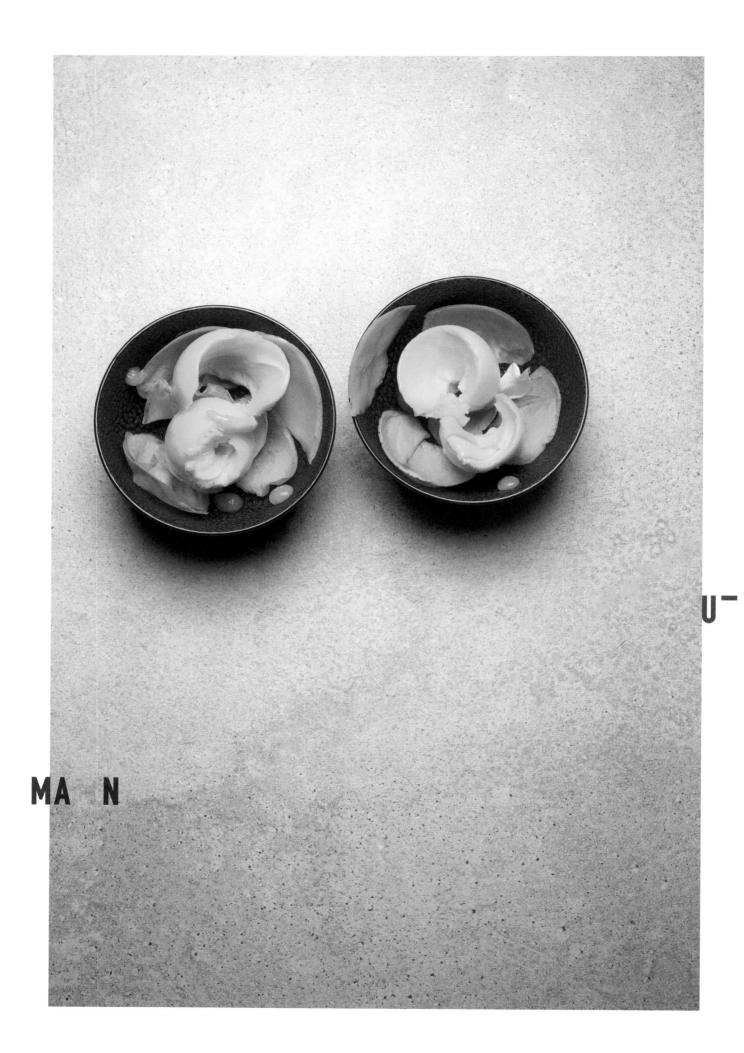

准备时间：一小时

U⁻

MA N

烘烤时间：2小时

酸甜芒果片

芒果脆片
1个黄色芒果，比如肯特芒果（Kent）
1个泰国芒果

刺柏浆果柠檬啫喱
200克过筛的新鲜黄柠檬汁
60克水
15克糖
5克琼脂
3克刺柏浆果

芒果雪芭
500克新鲜黄色芒果
75克水
75克糖
40克黄柠檬汁
200克30℃糖浆

摆盘
2个黄芒果
2个泰国芒果

FEUILLES DE 酸甜芒果片 MANGUE ACIDULÉES

15:00

芒果脆片
将烤箱预热至60℃。用切菜器将芒果切成薄片，放在烤盘上，放进烤箱烘烤2小时。

刺柏浆果柠檬啫喱
在深口平底锅里将黄柠檬汁、水和刺柏浆果一起加热。放入糖和琼脂的混合物。煮沸2分钟。冷却，随后用料理机打碎。

芒果雪芭
按照第261页的说明制作30℃糖浆。用手持料理机将其与芒果果肉、水、糖和黄柠檬汁一起打碎。用离心搅拌机搅拌均匀，倒在冷藏过的沙拉碗里，放进冷柜冷冻备用。

摆盘
将不同种类的芒果分别切成细丝。在碗底摆好芒果脆片，放入新鲜的芒果丝。挤入几滴刺柏浆果柠檬啫喱。放入2勺芒果雪芭。

准备时间：1小时

烘烤时间：1小时10分钟

S OU

蛋白霜舒芙蕾

舒芙蕾蛋白霜

100克蛋清
100克细砂糖
100克糖粉
5克可可粉

栗子冰激凌

350克牛奶
120克栗子泥
150克新鲜栗子块
60克蛋黄
35克糖
2克冰激凌稳定剂

榛子泥

200克榛子
15克糖粉
1小撮盐之花

栗子啫喱

350克牛奶
1个蛋黄
30克栗子泥
3个糖渍栗子
1克苍耳烷

SOUFFLES
MERINGUE 蛋白霜舒芙蕾

蛋白霜舒芙蕾

用带球桨的搅拌机将蛋清打发，放入细砂糖使其变得紧实，随后放入糖粉。将烤箱预热至100℃。

在硅胶烤垫上用10号裱花嘴挤上几个蛋白霜底座。用打湿的剪刀剪掉蛋白霜的上端。撒上可可粉，放进烤箱烤10分钟。将烤箱的温度降至60℃，再烤1小时使其干燥。从烤箱中将其取出，在蛋白霜的底部戳洞，以便填入内馅。

栗子冰激凌

制作英式奶油。在深口平底锅里将牛奶加热，放入冰激凌稳定剂和一半的糖。将蛋黄和剩下的糖打发，直至变白。将牛奶浇在打发变白的蛋黄上。再次加热直至80℃。放入栗子块和栗子泥。冷藏，随后搅拌均匀，再用离心料理机打碎。将做好的栗子冰激凌放在沙拉碗里，放入冷柜冷冻。

榛子泥

用粉碎搅拌机将所有配料打碎，直至形成光滑质地的榛子泥。

栗子啫喱

用冷水冲洗糖渍栗子。用牛奶和蛋黄按照第259页的说明制作英式奶油（不加糖）。将其浇在糖渍栗子和栗子泥上，随后放入苍耳烷，用料理机打碎。备用。

摆盘

将栗子冰激凌和少许榛子泥填入蛋白霜舒芙蕾中。用栗子啫喱封口，将两个蛋白霜舒芙蕾粘在一起。

SOUFFL U SOUF E GUE
L M E SOUF E GUE
F ES UE SOUF GUE
S M UE SOUF G E
UE S F
SO L ES MERi GUE
SOUFFL F ES ME iNGUE
S U LS F S iNGUE
SOUFF M F E ERiN UE
SOUFF ME GUE F MERiN E
SO S M iN U FFLES MERiNG
SOUFF RiNGU UFFLES M U
S UF S MER GU SOUFFLES MERiN
SOUFFLES MERiNG E SOUFF S MERiNG
SOUFFLES M U FL Ri U
SOUFFLES M GUE
SOUFFLES ERiNGUE
SOUFFL S ERiNGUE
SOUFF F ES ME NGUE
F E FF ES MERiN UE
UFFL F MRiN U
SOUF ES S FL S RiN E
SO FLE S UF L S Ri E
SOUF E OUFFL iNGUE
SOUFFLES SO F S RiNGUE

PAM

P

柚子万寿菊

万寿菊雪芭

780克水
150克柠檬汁
120克橙汁
240克糖
6克冰激凌稳定剂
44克葡萄糖粉
20克万寿菊（墨西哥龙蒿）

柠檬啫喱

200克过筛的新鲜黄柠檬汁
60克水
13克糖
5克琼脂

摆盘

3个柚子
150克芦荟
5克万寿菊嫩叶
40克橄榄油

PAMPLEMOUSSE
柚子万寿菊

15:00

T TAGETE ￣ ￣

万寿菊雪芭

在深口平底锅里将水、柠檬汁和橙汁一起加热，随后放入糖、冰激凌稳定剂和葡萄糖粉。煮沸，随后冷却。放入万寿菊，随后用手持料理机打碎，再用离心搅拌机搅拌均匀。

柠檬啫喱

在深口平底锅里将黄柠檬汁与水一起加热，随后放入糖和琼脂的混合物。煮沸2分钟。冷却，随后用手持料理机打碎。

摆盘

在碗里摆好柚子肉瓣和芦荟小丁，点上几点柠檬啫喱。在碗中央摆放1份万寿菊雪芭，放入万寿菊嫩叶，最后淋入少许橄榄油。

co

高山胡椒椰子

椰子泡沫

570克椰肉泥
150克鲜奶油
30克马利宝朗姆酒（Malibu）
2筒二氧化碳

高山胡椒柠檬啫喱

200克过筛的新鲜黄柠檬汁
60克水
3克高山胡椒
13克糖
5克琼脂

椰子雪芭

375克椰子水
225克糖
6克冰激凌稳定剂
6克葡萄糖粉
750克椰奶

摆盘

3个新鲜椰子，分别切成两半，挖出椰肉

POIVRE DES CîMES 高山胡椒椰子

COCO C

15:00

椰子泡沫

在搅拌碗里倒入所有配料，用料理机搅拌均匀。将做成的混合物倒在配有2筒二氧化碳的虹吸管里。

高山胡椒柠檬啫喱

在深口平底锅里将黄柠檬汁、水和高山胡椒一起加热。随后放入糖和琼脂的混合物。煮沸2分钟。冷却，随后用料理机打碎。

椰子雪芭

用深口平底锅将椰子水加热，放入糖、冰激凌稳定剂和葡萄糖粉。煮沸，随后冷却。放入椰奶，用料理机打碎，再用离心搅拌机搅拌均匀。倒在冷却过的沙拉碗里，放进冷柜冷冻备用。

摆盘

在碗里用虹吸管挤入一大团椰子泡沫，随后在其中心放入高山胡椒柠檬啫喱。放入2大片新鲜椰肉和1勺椰子雪芭。

最好能在半个新鲜椰子壳中摆盘。

CERISE RIZ NOIR CERI   CERISE RIZ NOIR
CERISE RIZ NOIR CERI   C   E RIZ NOIR
CERISE RIZ NOI   CRISE R Z NOIR
CERISE RIZ N   E i c R Z NOIR
CERISE   CE   Z N iR
CERISE RIZ   i   CE i E   N   CE   Z OiR
CERISE RIZ NOi   ERIS   OiR   ER   Z   iR
        R Z   iR CERISE   N iR   ERIS   i
    c i   iZ NOIR CE   Ri NOIR CERISE R   Oi
CERISE   iZ NOIR   ERISE i Oi CE   Oi
CERISE   iZ NOIR Cc iSE iZ
CERI   iZ NOIR C RIS   iSE   iZ NOIR
C   iSE RIZ NOIR CE iSE RIZ   E RIZ NOIR
CERISE RIZ NOIR CERI E R   i E RIZ NOIR
CERISE RIZ NOIR   ERISE Ri   SE RIZ NOIR
CERISE RIZ N iR   ERISE RIZ   i   iZ NOIR
CERISE   Ri E Ri   R CERISE   iR
CERI   Ri O   E iSE   i CERISE iZ N
        RIZ N iR CERIS   i   iR   ERIS RIZ
        Ri N iR Cc E   OiR Cc SE RIZ NOi
        RIZ   iR   i CERISE iZ N iR
CE i   iR
CERIS   E iSE Ri NOi   OiR
CE i   ERISE RIZ N i   R
C RIS   ERISE RIZ NOi   R
CERI   ERISE RIZ N R   O
C R SE Z   R CERI RIZ N   Oi
CERIS   R ERISc i N R   iR
CERISE Ri   iR   iS Ri   iR   iR
CE i   i OiR CERISE   Oi   R
C iSE   N iR   iZ NOi   iR
C   c   NOIR   RIZ NOIR   R

准备时间：一小时

黑米樱桃

黑米泥

100克维内尔（Venere）黑米
25克酸樱桃汁
1升水
盐

黑米舒芙蕾

50克维内尔黑米
150克葵花籽油

樱桃雪芭

150克水
75克糖
25克葡萄糖粉
4克冰激凌稳定剂
50克柠檬汁
375克新鲜樱桃
125克宝茸（Boiron）樱桃泥

摆盘

嫩苋叶
250克新鲜樱桃

CERISE

RIZ NOIR 黑米樱桃

15:00

黑米泥

　　将烤箱加热至180℃。在烤盘里放入黑米，倒入1升盐水，放进烤箱，至少烤1小时（直至黑米烤熟，吸收所有水分）。随后用料理机将黑米打碎，倒入酸樱桃汁，快速打成光滑的质地。

黑米舒芙蕾

　　在深口平底锅里倒入少许葵花籽油，放入50克维内尔黑米，炒3～4分钟，使其变脆。

樱桃雪芭

　　在深口平底锅里将水加热，放入糖、葡萄糖粉、冰激凌稳定剂和柠檬汁。将做成的混合物浇在新鲜樱桃和宝茸樱桃泥上面。搅拌均匀，再用离心料理机打碎。将做好的雪芭放在沙拉碗里，放进冷柜冷冻。

摆盘

　　在碗里放入1汤匙黑米泥，随后放入少许黑米舒芙蕾。将新鲜樱桃用浅口平底锅煎一下，放入其中，随后用叉子放入樱桃雪芭和嫩苋叶。

B

香草清汤

香草糖衣
10克香草荚
160克白杏仁
25克糖
120克水

浓稠焦糖
160克鲜奶油
42克牛奶
42克葡萄糖（1）
1根香草荚
2克盐之花
75克糖
90克葡萄糖（2）
60克黄油
2克沙捞越黑胡椒

香草冰激凌
450克牛奶
170克奶油
37克奶粉
2根大溪地香草荚
60克蛋黄
10克糖（1）
10克糖（2）
10克稳定剂

牛奶冻糕
75克蛋清
75克糖
200克牛奶

BOUiLLON 香草清汤
VANiLLE

15:00

香草糖衣
按照第260页的说明制作香草糖衣。

浓稠焦糖
在深口平底锅里将鲜奶油、牛奶、葡萄糖（1）、香草荚和盐之花一起加热。用另一个深口平底锅将糖和葡萄糖（2）加热至185℃，随后用加热的奶油使混合糖融化。将其加热至105℃，随后过筛。待焦糖达到70℃，放入黄油。用手持料理机打碎。放入磨碎的沙捞越黑胡椒。

香草冰激凌
在深口平底锅里将牛奶、奶油、奶粉和剖开两半的香草荚一起加热，随后将其浇在蛋黄和糖（1）的混合物上面。放入糖（2）和稳定剂。煮沸，随后冷却。用料理机打碎，过筛，再用离心搅拌机搅拌均匀。将做成的冰激凌盛在冷却过的沙拉碗里，放进冷柜冷冻备用。

牛奶冻糕
用蛋清制作蛋白霜，随后放入糖使其变得紧实。在深口平底锅里将牛奶煮沸，用手持料理机打碎，做成牛奶冻糕。

摆盘
在碗底挤入一圈香草糖衣，一圈浓稠焦糖。将1汤匙牛奶冻糕碾碎，放在焦糖上面。将香草冰激凌做成球形，放在旁边。最后放上2汤匙牛奶冻糕。

R HU 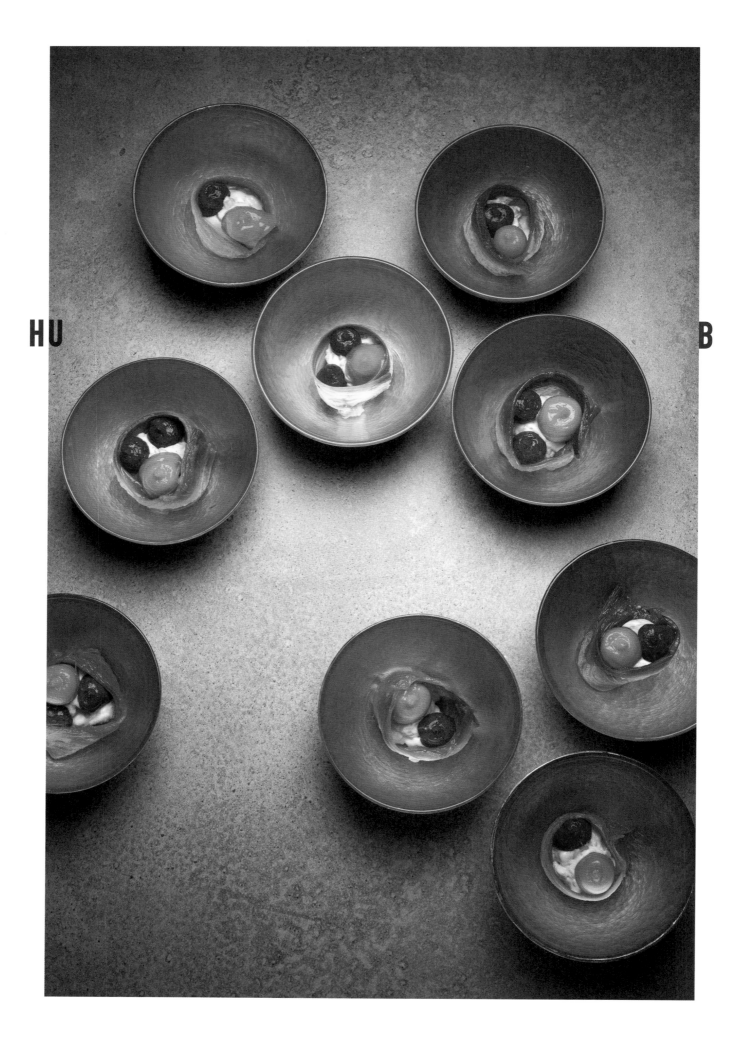 B

染色大黄

糖壳大黄
800克糖粒
40克蛋清
300克去皮大黄

大黄泥
糖壳大黄

收汁大黄泥
400克大黄块
300克水
50克糖

摆盘
200克伯尼昂布克高脂厚奶油

RHUBARBES S

COLOREES　　-- 染色大黄

糖壳大黄

将烤箱预热至180℃。在搅拌碗里将糖粒和蛋清混合。在铺有烘焙纸的盘子里放入一半的糖粒和蛋清的混合物。将大黄放在中间，在上面撒入剩下的糖粒和蛋清的混合物。放在烤架上，放进烤箱烤大约30分钟。

大黄泥

留出6条糖壳大黄用于摆盘。将剩下的糖壳大黄用手持料理机打碎，制成光滑质地的大黄泥。

收汁大黄泥

将大黄去皮，切成薄片。将其放在深口平底锅里，放入水和糖，文火炖煮。将炖好的大黄过筛，保留汁水。将汁水收干，直至形成糖浆的质地，随后将沥干的大黄放回其中。

摆盘

将糖壳大黄块摆成环形，放在碗中央。在碗底放入伯尼昂布克高脂厚奶油，随后放入少许收汁大黄泥和大黄泥。

T · -

小茴香覆盆子

小茴香青酱

50克小茴香
13克杏仁泥
50克橄榄油
10克蜂蜜
7克日本柚子汁
10克细盐
2块冰块

覆盆子颗粒

100克覆盆子醋
170克糖
700克覆盆子
70克葡萄糖粉
4克NH果胶
4克酒石酸

华夫瓦片饼

250克牛奶
200克榛子黄油
2根香草荚
230克T55面粉
3克盐
100克蛋清
20克糖粉
5克丁香粉

摆盘

500克新鲜覆盆子

ANΣTH

FRAMBOISΣ

小茴香覆盆子

15:00

小茴香青酱

用粉碎搅拌机将所有配料和2块冰块一起打碎，直至呈光滑的质地。倒在裱花袋里备用。

覆盆子颗粒

在深口平底锅里将覆盆子醋和糖一起加热至115℃，随后放入覆盆子。待其开始出水，并且混合物变得温热时，放入葡萄糖粉、NH果胶和酒石酸的混合物。加热至104℃。快速冷却。

华夫瓦片饼

将牛奶、榛子黄油和剖开刮籽的香草荚混合，放入深口平底锅里加热至40℃。将其分3次浇在面粉和盐的混合物上面，制成富有弹性的面团。将蛋清在室温下打发，随后放入糖粉使其变得紧实。将打发好的蛋白小心地揉进面团当中。

将烤箱预热至170℃。将面团放在硅质烤垫上摊平，用梳子划出条纹，放进烤箱烤5分钟。从烤箱中取出，撒上糖粉覆以糖面，随后撒上丁香粉。

摆盘

将小茴香青酱装在裱花袋里，挤在新鲜覆盆子上。在碗底放入覆盆子颗粒，随后放入挤满青酱的几个覆盆子，最后放上一大片华夫瓦片饼。

水果冰沙

FRUiTS i   ᵛᵛ ᵉS
FRUiTS ᏮiV   UiT ᏮiVRᵉ

FRUiT

FR iT

F UiT

.

UiT   ᶜ
UiTS   ᵎ Rᵉ   S   iV   ᶜᵉS
FR i   i   S ᏮiVRᵉˢ
F iT   iV ᵉS   UiT   ˢS
FR   ᏮiVR   iT   iV   ᵉS
FR i   ᵎ ᵉ   FRUiTS i Rᵉˢ
    UiTS   FRUiTS ᵎVRᵉ
FRUiTS   F iTS ᏮiVRᵉˢ
FRUi   i ᶜ   FR   iV ᵉˢ
FRUi   i ᵉS FR ᵎTS ᏮiVRᵉˢ
F   i S ᏮiVRᵉS   iTS ᏮiVRᵉˢ
    iTS ᏮiVRᵉˢ FRUiTS ᏮiVRᵉˢ

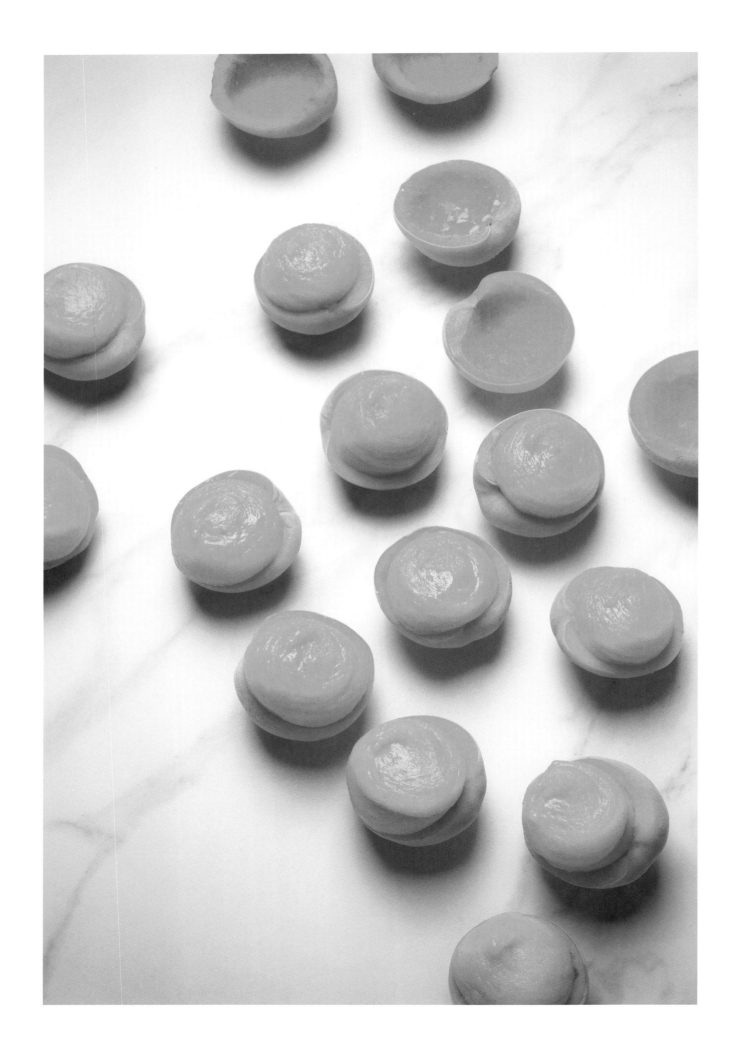

准备时间：30 分钟

静置时间：2～3 小时 + 2 小时

鲜杏

杏肉雪芭

250克水
125克糖
7克冰激凌稳定剂
50克葡萄糖粉
530克杏肉

摆盘

4个杏

ABRiGOTS 鲜杏
FRAiS

15:00

杏肉雪芭

在深口平底锅里将水与糖、冰激凌稳定剂和葡萄糖粉一起煮沸，随后倒在搅拌碗里。放进冰箱冷藏2~3小时。待混合物冷却后，放入杏肉，随后用手持料理机打碎，再用离心搅拌机搅拌均匀。

摆盘

将每个杏切成两半，去核。用勺子轻轻挖出果肉备用，杏壳放进冷柜冷冻2小时。将留出的杏肉用料理机打碎。从冷柜中取出杏壳，将打碎的杏肉放在底部，用8号圆形裱花嘴挤入杏肉雪芭。

准备时间：30分钟

N N

S

静置时间：2小时＋2～3小时

菠萝

菠萝壳

8个维多利亚（Victoria）菠萝

菠萝青柠檬雪芭

450克菠萝汁
450克宝茸菠萝肉
80克青柠檬汁
210克水
200克细砂糖
100克葡萄糖粉
6克冰激凌稳定剂
2个青柠檬的皮

AN　　S

ANANAS 菠萝

菠萝壳

将菠萝在顶端1/4处切开。用勺子挖出少许果肉备用，随后将菠萝壳放进冷柜冷冻2小时。

菠萝青柠檬雪芭

将菠萝肉用离心搅拌机打出汁水，随后过筛。将菠萝汁倒入深口平底锅，与菠萝肉、青柠檬汁和水一起加热。待混合物达到40℃时，将细砂糖、葡萄糖粉和冰激凌稳定剂混合，放入混合物中，随后煮沸。倒在沙拉碗里，放进冰箱冷藏2～3小时。待冷却后，放入青柠檬皮和留出的菠萝肉，用手持料理机打碎。放进冰激凌机，使其膨胀10～15分钟。

摆盘

将菠萝青柠檬雪芭倒入装有圣奥诺雷蛋糕裱花嘴的裱花袋里，将其挤入菠萝内部。放回菠萝上端，随后立即上桌。

B

香蕉

香蕉壳

8个小米香蕉（fressinette）

香蕉雪芭

280克水
40克转化糖浆
130克细砂糖
3克冰激凌稳定剂
330克新鲜香蕉果肉
160克小米香蕉
200克邦提耶（Ponthier）香蕉泥

15:00

BANAN ES 香蕉 N

香蕉壳

将未去皮的香蕉从弯曲处纵向切成两半。保留果柄。将其放进冷柜冷冻2小时。

香蕉雪芭

在深口平底锅里将水和转化糖浆一起加热，随后放入混合后的冰激凌稳定剂和细砂糖。煮沸1分钟。将小米香蕉去皮，切成大段，将其放在搅拌碗里搅拌。将之前做成的混合物趁热浇在小米香蕉果肉上，随后放入邦提耶香蕉泥和新鲜的香蕉果肉。冷藏2~3小时。用手持料理机打碎，随后将其放进冰激凌机，使其膨胀10~15分钟。

摆盘

将香蕉雪芭倒进装有圣奥诺雷蛋糕裱花嘴的裱花袋里，挤在香蕉壳内部。

Ri   S   S

糖霜樱桃

樱桃壳
500克意大利早红樱桃（Burlat）

樱桃雪芭
150克水
75克糖
25克葡萄糖粉
4克冰激凌稳定剂
50克柠檬汁
375克新鲜樱桃
125克宝茸樱桃泥

CERISES 糖霜樱桃
GIVRÉES

15:00

樱桃壳

将樱桃在顶端1/4处切开。去核，小心地挖出果肉备用。将樱桃的上下两部分放入冷柜冷冻2小时。

樱桃雪芭

将水烧热。将糖、葡萄糖粉和冰激凌稳定剂混合，随后将混合物放入装满热水的深口平底锅中，煮沸。

樱桃去梗去核，放在搅拌碗里。放入宝茸樱桃泥和柠檬汁。将之前做成的糖浆浇在新鲜樱桃和留出的樱桃果肉上面，用手持料理机打碎，随后放进冰箱冷藏2小时。再次用料理机搅拌，将其放进冰激凌机当中，使其膨胀10～15分钟。

摆盘

将樱桃雪芭倒进装有直径6毫米、螺纹裱花嘴的裱花袋里，随后将其挤入樱桃内部。放上樱桃的上半部分，立即上桌。

制作 8 人份

准备时间∵ 30 分钟

静置时间∵ 2 小时 + 2 小时

糖霜青柠檬

柠檬壳

8个青柠檬

青柠檬雪芭

330克水
170克糖
10克冰激凌稳定剂
270克牛奶
330克青柠檬汁
3个青柠檬的皮

GiVRĒS
糖霜青柠檬

15:00

柠檬壳

将青柠檬在顶端1/4处切开。用勺子挖出少许果肉备用，将柠檬壳放进冷柜冷冻2小时。

青柠檬雪芭

用深口平底锅将水烧热。将糖和冰激凌稳定剂混合，随后放入水中。煮沸30秒，随后放入牛奶、青柠檬汁和柠檬皮，最后放入留出的果肉。用手持料理机打碎，随后放进冰柜冷藏2小时。再次用料理机搅拌，将其放进冰激凌机中，使其膨胀10～15分钟。

摆盘

将青柠檬雪芭倒进装有8毫米圆形裱花嘴的裱花袋中，将其挤入青柠檬内部。放上柠檬的上半部分。

椰子

椰壳

4个椰子

椰子雪芭

380克椰汁
230克细砂糖
6克冰激凌稳定剂
12克葡萄糖粉
750克椰奶

COCO NUTS

15:00

椰子

椰壳

将椰子在顶端1/4处锯开，倒出椰汁备用。将椰壳放进冷柜冷冻2小时。

椰子雪芭

用深口平底锅加热椰汁，随后放入细砂糖、冰激凌稳定剂和葡萄糖粉的混合物。煮沸，随后放进冰箱冷藏2小时。待混合物冷却后，倒入椰奶，随后用手持料理机打碎。将其放进冰激凌机，使其膨胀10～15分钟。

摆 盘

将椰子雪芭倒进装有20毫米大号圆形裱花嘴的裱花袋中。将椰子雪芭挤入椰壳内部。立即上桌。

制作 8 人份

准备时间：30 分钟

烘烤时间：1 分钟

静置时间：2 小时 + 2 小时

酸甜箭叶橙

箭叶橙壳

8个箭叶橙

箭叶橙雪芭

140克水
30克细砂糖
70克葡萄糖粉
3克冰激凌稳定剂
700克箭叶橙果肉

COMBAVAS ACiDULĒS 酸甜箭叶橙

A

箭叶橙壳

将箭叶橙在顶端1/4处切开，将底部切掉少许，使其能够站立。轻轻挖出少许果肉备用，随后将箭叶橙放入冷柜。冷冻2小时。

箭叶橙雪芭

用深口平底锅将水烧热。在搅拌碗里将细砂糖、葡萄糖粉和冰激凌稳定剂混合，放入锅中，煮沸大约1分钟。将其浇在箭叶橙果肉和留出的果肉上，随后放进冰箱冷藏2小时。用手持料理机打碎，随后放进冰激凌机，使其膨胀10~15分钟。

摆盘

将箭叶橙雪芭倒进装有4号螺纹裱花嘴的裱花袋中。将其挤入箭叶橙壳内部，随后放上箭叶橙的上半部分。立即上桌。

S

F

糖霜无花果

无花果壳

8个无花果

无花果雪芭

1片无花果叶
200克水
500克新鲜的波尔多圆形无花果
60克薰衣草蜂蜜
10克葡萄糖粉
3克冰激凌稳定剂

FiGUES GiVRÉES 糖霜无花果

15:00

无花果壳

将无花果在顶端1/4处切开。将底部切掉少许，使无花果能够站立。用勺子挖出少许果肉备用。将无花果放入冷柜，冷冻2小时。

无花果雪芭

将无花果叶放入沸水中浸泡20分钟。过筛，随后在水中加入薰衣草蜂蜜，加热至40℃。放入葡萄糖粉和冰激凌稳定剂，煮沸大约1分钟。在搅拌碗里放入整颗带皮的新鲜波尔多圆形无花果和留出的果肉。将之前做成的糖浆浇在上面，用手持料理机打碎。放进冰箱冷藏2小时，随后将其放进冰激凌机，使其膨胀10～15分钟。

摆 盘

将无花果雪芭倒进装有圣奥诺雷蛋糕裱花嘴的裱花袋中。将其挤入无花果壳内部，放上无花果的上半部分。立即上桌。

奇异果

奇异果壳

8个绿色奇异果

奇异果雪芭

450克绿色奇异果
150克黄色奇异果
120克30℃糖浆（参见第261页）
50克柠檬汁
80克细砂糖

K   KiWiS

奇异果

15:00

奇异果壳

将奇异果在3/4处纵向切成两半。挖出较大一半的少许果肉备用，将无花果壳放进冷柜冷冻2小时。

奇异果雪芭

奇异果去皮，撒上少许细砂糖，将其放在较热的地方静置2小时，使其变得更加成熟。

制作30℃糖浆，随后趁热将其与柠檬汁一起浇在奇异果果肉上。用手持料理机打碎，随后放进冰箱冷藏2小时。取出后再次用料理机打碎，随后放进冰激凌机，使其膨胀10~15分钟。

摆盘

用勺子将奇异果雪芭填入冷冻过的奇异果壳中，塑形成漂亮的拱顶形状。

新鲜芒果

芒果壳

4个芒果

芒果雪芭

500克新鲜芒果

150克30℃糖浆（参见第261页）

40克黄柠檬汁

FRAICHES

F A H S

MA ─ MANGUES

15:00

新鲜芒果

芒果壳

将芒果从核的两侧切成两半。轻轻挖出少许果肉备用，将两半芒果放进冷柜冷冻2小时。

芒果雪芭

芒果去皮，挖出果肉备用。按照第261页的说明制作30℃糖浆，随后将其浇在柠檬汁和之前切开两半的芒果的果肉上面。用手持料理机将混合物打碎，随后放进冰箱冷藏2小时。再次用料理机搅拌，将其放进冰激凌机，使其膨胀10~15分钟。

摆盘

将芒果雪芭倒进装有圣奥诺雷蛋糕裱花嘴的裱花袋里。将芒果雪芭均匀地挤入每个冷冻过的芒果壳当中。立即上桌。

百香果

百香果壳

15个百香果

百香果雪芭

250克水
125克细砂糖
50克葡萄糖粉
7克冰激凌稳定剂
250克牛奶
250克新鲜的百香果肉

P　　PASSiON
百香果

15:00

百香果壳

　　将百香果在顶端1/4处切开，用勺子挖出果肉备用。将百香果放进冷柜，冷冻2小时。

百香果雪芭

　　用深口平底锅将水烧热。将细砂糖、葡萄糖粉和冰激凌稳定剂混合，放入锅中，随后煮沸。将混合物倒在搅拌碗里，放进冰箱冷藏2小时。待混合物冷却后，放入新鲜的百香果肉、牛奶和从百香果中挖出备用的果肉。用手持料理机打碎，随后将其放进冰激凌机，使其膨胀10～15分钟。

摆盘

　　将制成的百香果雪芭倒在装有12毫米圆形裱花嘴的裱花袋里，将百香果雪芭挤入百香果壳内部，放上百香果的上半部分。立即上桌。

准备时间：30 分钟

静置时间：2 小时 + 2 小时

桃

桃壳
8个桃

桃肉雪芭
250克水
125克细砂糖
50克葡萄糖粉
7克冰激凌稳定剂
250克桃肉
250克新鲜桃汁

15:00

PÊCHES P 桃

桃壳
将桃子在顶端1/4处切成两半。小心地去核，随后轻轻挖出少许桃肉备用。将桃壳放进冷柜冷冻2小时。

桃肉雪芭
用深口平底锅将水烧热。将细砂糖、葡萄糖粉和冰激凌稳定剂混合，随后放入锅中。煮沸，倒在搅拌碗里。放进冰箱冷藏2小时。待混合物冷却后，放入桃肉、桃汁和挖出备用的桃肉，随后用手持料理机打碎。将其放进冰激凌机，使其膨胀10～15分钟。

摆盘
待桃肉雪芭成型后，将其倒在装有16毫米圆形裱花嘴的裱花袋里，随后将桃肉雪芭挤入冻好的桃壳内部。立即上桌。

制作8人份

准备时间：30分钟

静置时间：2小时+2~3小时

P

梨

梨壳

8个会议梨（Conférence）

梨肉雪芭

210克水
210克细砂糖
55克葡萄糖粉
2克冰激凌稳定剂
250克梨肉
15克梨味白兰地（Williamine）

POiRES 梨

15:00

梨壳

将会议梨在顶端1/4处切开。用勺子轻轻去核，挖出少许果肉备用，随后将梨放进冷柜冷冻2小时。

梨肉雪芭

用深口平底锅将水烧热。将细砂糖、葡萄糖粉和冰激凌稳定剂混合，随后放入锅中。煮沸，倒在搅拌碗里。放进冰箱冷藏2～3小时。待混合物冷却后，放入梨肉、梨味白兰地和挖出备用的梨肉，随后用手持料理机打碎。将其放进冰激凌机，使其膨胀10～15分钟。

摆盘

将梨肉雪芭倒在装有18毫米圆形裱花嘴的裱花袋里，随后将梨肉雪芭挤入冻好的梨壳内部。放上每个梨的上半部分。随后上桌。

POM

M

苹果冰沙

苹果壳

8个皇家嘎啦苹果

苹果雪芭

210克水
125克细砂糖
65克葡萄糖粉
2克冰激凌稳定剂
250克澳洲青苹果肉
15克苹果利口酒（Manzana）

POMMES S
GiVRĒES

苹果冰沙

. ==

15:00

苹果壳

　　将苹果在顶端1/4处切成两半。用勺子去核，挖出少许果肉备用。将苹果放进冷柜冷冻2小时。

苹果雪芭

　　用深口平底锅将水烧热。将细砂糖、葡萄糖粉和冰激凌稳定剂混合，随后放入锅中。煮沸，倒在搅拌碗里。放进冰箱冷藏2～3小时。待混合物冷却后，放入澳洲青苹果肉、苹果利口酒和挖出备用的果肉，随后用手持料理机打碎。将其放进冰激凌机，使其膨胀10～15分钟。

摆盘

　　将苹果雪芭倒在装有24毫米圆形裱花嘴的裱花袋里，随后将苹果雪芭挤入冻好的苹果壳内部。立即上桌。

17H

出品结束

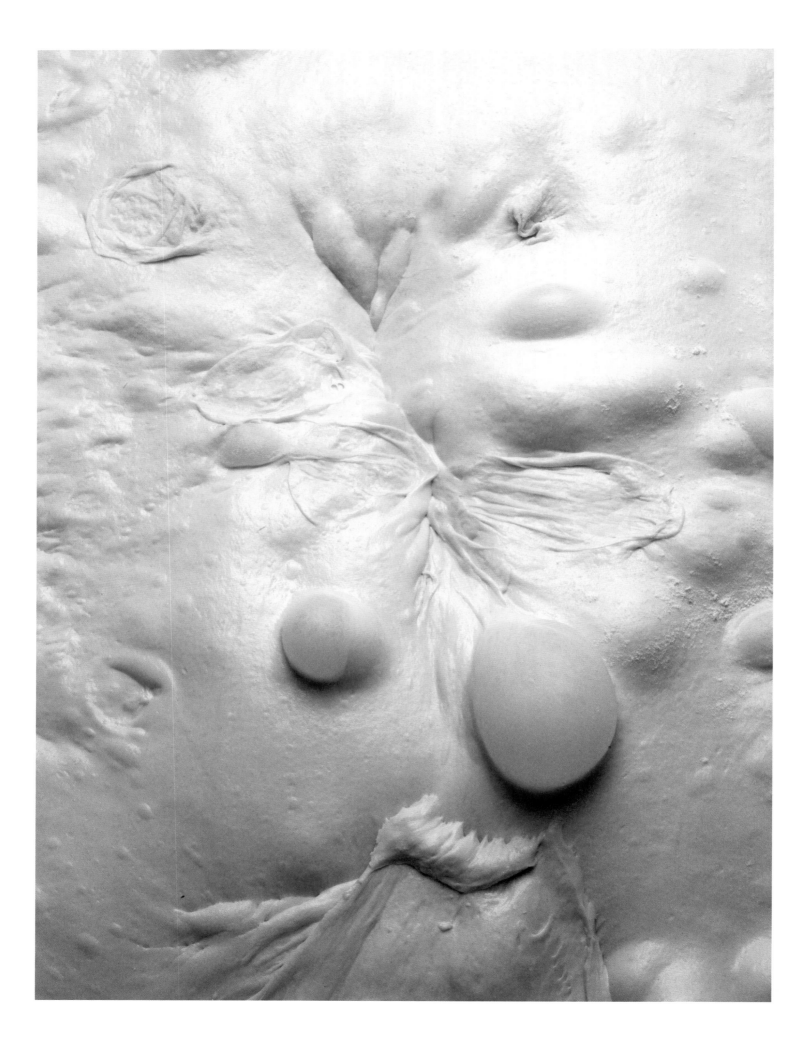

T

制作8人份

准备时间：30分钟

烘烤时间：10～12分钟

静置时间：2小时＋1晚＋1小时

法式传统面包

500克传统面粉
330克水（1）
10克盐
2.5克面包酵母
100克液体酵母
15克水（2）

LA

R TRADiTiON

法式传统面包

· ·

17:00

揉面

用带搅拌钩的搅拌机将面粉和水（1）在16℃下混合。用1挡速度搅拌3分钟，随后蒙上保鲜膜，在室温下静置2小时。先后放入盐和面包酵母，再用1挡速度搅拌4分钟。放入液体酵母和水（2），随后再用1挡速度搅拌8分钟。将面团倒在封闭的搅拌碗里。

发酵

将面团放进冰箱在3℃下冷藏1晚。

造型

将面团分成每个160克的小面团，揉成长棍面包的形状。在室温下静置45分钟~1小时。

烘烤

将烤箱预热至250℃~260℃，将面包放进烤箱烤10~12分钟。

准备时间：20 分钟

烘烤时间：6 分钟

静置时间：30 分钟

P

法式吐司

8根烤干的传统长棍面包

法式吐司面糊

400克牛奶
1根香草荚
60克奶油
3个鸡蛋
35克糖

焦糖酱

500克奶油
2根香草荚
500克糖

PAIN PERDU 法式吐司

17:00

法式吐司面糊

在大号搅拌碗里将所有配料混合，随后用手持料理机搅拌均匀。

焦糖酱

用深口平底锅将奶油加热，随后放入剖开刮籽的香草荚浸泡。将糖干煎成焦糖，随后用浸泡过香草荚的奶油使之溶化。煮沸2分钟，随后过筛。

完成和烘烤

将长棍面包纵向切开，直至尖端。将烤干的长棍面包竖直浸入法式吐司面糊，浸泡30分钟。轻轻沥干。将其整个表面裹上焦糖酱。将其放在浅口平底锅里，用黄油文火煎，每面煎3分钟。

附录

NEX ANNEXES
NE S N S
S NNEXES
X NEXES ANNEXES
EXE NEXES ANNEXES
EX EX S AN S
S A NEX AN S
S X EXES
U
AN
AN
A
N A X
ANN XES AN S
AN EXES A EX ANN X
AN EXE NEXES AN X S

基础食谱

面团

布里欧修面团

1千克T45面粉
25克盐
120克细砂糖
40克有机面包酵母
450克鸡蛋
150克全脂牛奶
500克黄油

在带搅拌钩的搅拌机里放入除了黄油以外的所有配料，用1挡速度搅拌35分钟。放入黄油，再用2挡速度搅拌8分钟。蒙上潮湿的厨房布，在室温下静置1小时。

千层布里欧修面团

825克T45面粉
12克细盐
50克细砂糖
150克鸡蛋
300克牛奶
75克面包酵母
75克软化黄油
450克起酥黄油

将面粉与细盐、细砂糖、鸡蛋、牛奶和面包酵母一起放入带和面桨的搅拌机。用1挡速度搅拌，直至形成光滑的面团，随后用2挡速度搅拌，直至面团不粘搅拌机内壁。放入软化黄油，继续搅拌，直至形成光滑的面团。蒙上潮湿的厨房布，随后在室温下（24℃～25℃）静置1小时。

用手揉面并排气。随后将面团摊平，与起酥黄油同宽，长度是其2倍。将面团放进冷柜冷冻5分钟，随后放进冰箱冷藏15分钟。

将起酥黄油放在面团中心，将面团的各边折向中间。将有黄油的一面朝向自己。用擀面杖制作单层酥皮：将面团由下向上擀，直至擀成大约7毫米厚。在面皮中心做一个轻微的参考记号，将上方折向中间的记号，将下方同样折向中间，随后将面团像钱包一样再次折叠。放进冰箱冷藏10分钟。最后制作单层酥皮：将面团擀成1厘米厚，将上方1/3折起，随后从下向上折叠。最后将其擀成3.5毫米厚。

可颂面团

1千克T45面粉
420水
50克鸡蛋
100克细砂糖
45克面包酵母
18克盐
20克蜂蜜
70克软化黄油
400克起酥黄油

在带和面桨的搅拌机里放入面粉、水、鸡蛋、面包酵母、盐、细砂糖和蜂蜜。用1挡速度搅拌，直至形成光滑的面团，随后用2挡速度搅拌，直至面团不粘搅拌机内壁。放入软化黄油，继续搅拌，直至形成光滑的面团。蒙上潮湿的厨房布，随后在室温下（24℃～25℃）静置1小时。

用手揉面并排气。随后将面团摊平，与起酥黄油同宽，长度是其2倍。将面团放进冷柜冷冻5分钟，随后放进冰箱冷藏15分钟。

将起酥黄油放在面团中心，将面团的各边折向中间。将有黄油的一面朝向自己。用擀面杖制作单层酥皮：将面团由下向上擀，直至擀成大约7毫米厚。在面皮中心做一个轻微的参考记号，将上方折向中间的记号，将下方同样折向中间，随后将面团像钱包一样再次折叠。放进冰箱冷藏10分钟。最后制作单层酥皮：将面团擀成1厘米厚，将上方1/3折起，随后从下向上折叠。最后将其直接擀成3.5毫米厚。

千层酥

黄油面团
330克起酥黄油
135克精白面粉

外层面团
130克水
12克盐
3克白醋
102克软黄油
315克精白面粉

在带扁桨的搅拌机里将起酥黄油与精白面粉一起搅拌大约10分钟。将制成的黄油面团用擀面杖擀成大小为40厘米×115厘米、厚10毫米的矩形。

用带和面桨的搅拌机将制作外层面团所需的所有配料一起搅拌大约15分钟，直至形成光滑的面团。

将制成的外层面团擀成边长38厘米、厚10毫米的正方形。将其放在黄油面团的中心，随后将黄油面团的各边卷起，将外层面团包在中间。

制作4单层酥皮的千层酥。先将做好的面块擀平，随后将其向内折叠，做出第1层。放进冰箱冷藏1小时。重复上述做法做出第2层。按照相同的冷藏静置时间制作两个单层。将千层酥擀成4毫米厚。

巴斯克酥饼面团

250克黄油
220克粗砂糖
90克鸡蛋
310克T55面粉
154克杏仁粉
16克化学酵母
3克盐

在搅拌碗里将黄油和粗砂糖混合。打入鸡蛋，随后放入面粉、杏仁粉、化学酵母和盐。用擀面杖将面团擀成3毫米厚，随后将其放进冷柜冷冻40分钟。

附录

面团

四分四面团
4个鸡蛋
250克T55面粉
250克半盐黄油
150克非精炼糖

在粉碎搅拌机里放入制作四分四面团的所有配料，搅拌均匀。

芭芭蛋糕面团
17克面包酵母
450克T55面粉
4克盐
140克黄油
17克蜂蜜
500克鸡蛋
25克牛奶

在带和面桨的搅拌机里放入面包酵母、面粉、盐、黄油和蜂蜜。用2挡速度搅拌，同时慢慢打入鸡蛋，随后倒入牛奶。继续搅拌，直至面团不粘搅拌机的内壁。

勺子比斯基面团
6个蛋黄
6个蛋清
164克糖
164克面粉
细砂糖
糖霜

用带球桨的搅拌机首先将蛋黄与一半的糖一起打发。随后将蛋清与另一半糖一起打发。用刮铲将两者小心地与面粉混合。将烤箱预热至180℃。

将面团擀成2毫米厚，撒上细砂糖和糖霜，随后放在烤盘上，放进烤箱烤10分钟。

–

奶酥
110克T45面粉
75克糖
110克黄油

用带扁桨的搅拌机将黄油和糖一起打成奶油状。放入面粉继续搅拌。将制成的奶酥过筛。放进冷柜冷冻30分钟。

泡芙面团

150克牛奶
150克水
18克转化糖浆
6克盐
132克黄油
180克面粉
5个鸡蛋

甜酥面团

150克黄油
95克糖霜
30克杏仁粉
1克盖朗德盐
1克香草粉
1个鸡蛋
250克T55面粉

在深口平底锅里将牛奶、水、转化糖浆、盐和黄油一起煮沸。离火，一次性放入面粉。再次加热，用刮铲用力搅拌，随后在火上加热直至烧干。将制成的混合物全部倒入带扁桨的搅拌机里，随后一边搅拌，一边逐个打入鸡蛋。在室温下静置1小时。

用带扁桨的搅拌机将黄油、糖霜、杏仁粉、盖朗德盐和香草粉一起搅拌均匀。打入鸡蛋使其乳化，随后放入面粉。继续搅拌，直至形成光滑的面团。放进冰箱冷藏1小时备用。

附录

B AS A ㄷ

奶油

糕点奶油

450克牛奶
50克鲜奶油
2根香草荚
90克糖
25克奶油粉
25克面粉
90克蛋黄
30克可可黄油
4片吉利丁片
50克黄油
30克马斯卡彭奶酪

　　将吉利丁片放在冷水里使其膨胀。用深口平底锅将牛奶与鲜奶油一起加热，放入剖开刮籽的香草荚浸泡20分钟。在搅拌碗里将糖、奶油粉、面粉和蛋黄一起打发，直至变白。将牛奶、奶油和香草荚的混合物过筛，随后趁其沸腾，浇在打发至变白的混合物上面。将由此得到的混合物倒入深口平底锅中，煮沸2分钟。离火，放入可可黄油，随后放入沥干的吉利丁片和黄油，最后放入马斯卡彭奶酪。用手持料理机打碎，放进冰箱冷却30分钟。

－

英式奶油

330克牛奶
200克蛋黄
150克糖

　　用深口平底锅里将牛奶加热，将蛋黄和糖混合打发直至变白，将热牛奶浇在上面。再次加热，直至80℃。

杏仁奶油

50克黄油
50克细砂糖
50克杏仁粉
50克鸡蛋

　　用带扁桨的搅拌机将黄油、细砂糖和杏仁粉一起打发。逐个打入鸡蛋。倒入裱花袋中备用。

－

黄油奶油

180克牛奶
140克蛋黄
180克糖（1）
800克黄油
78克水
233克糖（2）
112克蛋清

　　用牛奶、蛋黄和糖（1）按照左侧的说明制作英式奶油。

　　将其慢慢浇在黄油上面，随后用带扁桨的搅拌机搅拌均匀。将蛋清打发。

　　在深口平底锅里将水和糖（2）一起加热：当温度达到120℃时，将其浇在蛋清上。将其倒入搅拌机，用中速搅拌，直至冷却。随后将英式奶油和蛋白混合物用刮铲混合，搅拌均匀。

糖衣

榛子糖衣
500克榛子
200克糖
10克盐之花
70克可可黄油
70克脆片饼干

　　将烤箱预热至160℃。将榛子放在烤盘上，放进烤箱烤15分钟。

　　在深口平底锅里放入糖，干炒成焦糖。

　　用粉碎搅拌机将榛子、焦糖和盐之花一起打碎，随后用扁桨搅拌均匀。接着放入可可黄油和脆片饼干，搅拌均匀。

可可豆碎糖衣
500克榛子
150克糖
10克盐之花
200克可可豆碎
200克葡萄籽油

　　将烤箱预热至160℃。将榛子放在烤盘上，放进烤箱烤10分钟。将糖干炒成焦糖。用粉碎搅拌机将烤好的榛子、焦糖和可可豆碎一起打碎。放入葡萄籽油和盐之花，用扁桨搅拌均匀。

—

香草糖衣
375克白杏仁
10克香草荚
250克糖
165克水

　　将烤箱预热至140℃。将白杏仁和香草荚放在烤盘上，放进烤箱烤20分钟。在深口平底锅里将糖和水一起加热至110℃；随后放入切成小块的白杏仁和香草。在165℃下炒成焦糖酥状，随后将做成的混合物倒在烘焙纸上冷却。待冷却后，将其放进粉碎搅拌机里稍微打碎。

R

RECETTES
- -

其他

黄柠檬啫喱

500克柠檬汁
50克糖
8克琼脂

　　在深口平底锅里将柠檬汁煮沸，随后放入糖和琼脂的混合物。待制成的啫喱冷却后，用粉碎搅拌机打碎。

–

覆盆子果酱

250克冷冻覆盆子
150克糖
5克NH果胶
10克柠檬汁

　　用深口平底锅将冷冻覆盆子与一半的糖一起加热。放入另一半糖与NH果胶的混合物。煮沸1分钟，随后放入筛过的柠檬汁。用料理机打碎，倒入真空裱花袋中。

蛋白霜

200克蛋清
180克糖
200克糖霜
20克可可粉

　　用带扁桨的搅拌机将蛋清与糖一起打发。用刮铲慢慢加入糖霜。倒入装有直径18毫米圆形裱花嘴的裱花袋里。在铺有烘焙纸的烤盘上挤出一个个蛋白霜的形状。将烤箱预热至90℃。在蛋白霜上撒上可可粉，放进烤箱烤1小时。

–

30℃糖浆

1升水
1.3千克细砂糖

　　将水和细砂糖在深口平底锅里混合。大火煮沸。待完全煮沸后，熄火。在室温下冷却，随后将糖浆放进冰箱备用。

附录

术语表

配料

—

酒石酸（acide tartrique）
粉剂，用作甜品乳化剂，味道和色彩的强化剂和稳定剂。

—

琼脂（agar-agar）
提取自红藻的天然植物凝胶。

—

奇亚（chia）
奇亚是一种源于墨西哥的草本植物。奇亚的籽在阿兹泰克文明时期便已开始种植。其拥有众多功效，现在在西方国家和新式烹饪中越来越受欢迎。

—

调温巧克力（chocolat de couverture）
富含可可黄油的巧克力，用于制作糕点和甜品。可以在专门的商店或者网上买到。

—

脂溶性色素（colorant liposoluble）
粉状色素，可溶于脂肪，不同于可溶于水的水溶性色素。用于巧克力、甜酥面团或者杏仁酱的装饰。PCB是一个生产食用色素的优秀品牌。

—

防潮糖粉（codineige）
白色粉状糖，看起来像雪，在糕点制作中常被使用，因为它不会在潮湿的配料中溶化。

—

箭叶橙（combava）
源于印度尼西亚的古老柑橘类水果。箭叶橙类似柠檬，但是果皮呈绿色，凹凸不平，酸度更高。

—

饼干脆片（feuilletine）
类似花边饼的花边可丽饼碎片。

—

糕点翻糖（fondant pâtissier）
用糖和水制作的混合物，用于为糕点上糖面。可以原色使用，或者加入食用色素。

—

葡萄糖粉（glucose atomisé）
粉状葡萄糖，能够改善冰激凌的质地，帮助保存冰激凌，并且不会过度增加甜度。可以在专门的商店或者网上买到。

—

巴黎歌剧院蜂蜜（miel «béton»）
这种蜂蜜在巴黎市区采集，因其浓缩的丰富香气而闻名，又称为混凝土蜂蜜。

—

NH果胶（pectine NH）
提取自苹果或者葡萄等各种植物的天然增稠剂。可以在专门的商店或者网上买到。

—

沙捞越胡椒（poivre de Sarawak）
马来西亚黑胡椒，带有木质和水果的香气。

—

奶油粉（poudre à crème）
用淀粉制作的粉剂，用作增稠剂，特别适合制作奶油或者水果馅饼。可以在专门的商店或者网上买到。也可以用玉米淀粉或者面粉代替。

蜂胶（propolis）

蜂胶是一种天然植物产品，由蜜蜂提取自某些树木的花蕾。它位于蜂巢的入口处，能够作为天然的消毒屏障保护蜜蜂。养蜂人在采集蜂蜜后收集蜂胶。蜂胶拥有抵抗多种真菌的功能，而且可以制作糖浆、胶囊或者某些蜂蜜。

—

稳定剂（stabilisateur）

食品添加剂，用于改善食材的质地，或者将其保持在某种浓稠度。

—

红糖（sucre panela）

红糖是一种在拉丁美洲非常受欢迎的食材，采用煮熟的蔗糖浆冷却制成，并包装为面包形状。

—

冰激凌稳定剂（super neutrose）

用于稳定冰激凌和雪芭，能够吸收食材中的水，使冰激凌更为蓬松。

—

万寿菊（tagète）

是一种开花且有香味的植物，头状花序呈黄色或橙色。

—

转化糖浆（或者转化糖）
（trimoline ou sucre inverti）

以白色糊状呈现的糖，能为食材带来柔软的口感，并且利于保存。可以用槐花蜜代替。

—

苍耳烷（xanthane）

带有强大增厚能力的乳化粉剂。

—

香橙（yuzu）

来自亚洲的柑橘类水果，在日式烹饪中很常用。可以在亚洲香料店买到。

附录

L

GLOSSAIRE

制作技巧

擀（abaisser）
用糕点擀面杖或者轧面机将面团摊平。

水浴法（faire cuire au bain-marie）
将食材放在盘子里，再将盘子放在装满沸水的容器里缓慢加热。

榛子黄油（制作榛子黄油）
（rendre un beurre noisette）
当黄油融化时，锅底的乳清开始焦糖化，这为黄油带来细微的榛子味道。要注意不要让黄油变成棕色，否则会产生毒素。

软黄油（制作软黄油）（rendre un beurre pommade）
搅拌室温下的黄油，使其变得光滑柔软。

变白（blanchir）
用球桨搅拌机或者刮刀用力搅拌蛋黄和糖，使其变成浅色。

小丁（切丁）（tailler en brunoise）
将食材切成小方块。

慢炖（compoter）
将食材长时间小火炖煮，使其变成糊状。

晾干（croûter）
将面团在烹饪前晾干，使其表面稍微变硬，不再粘手。

盲烤（cuire à blanc）
将挞底座用烘焙纸包裹，与干蔬菜或者豆子一起烤制，以避免面团在烤制时膨胀。

降温加料（décuire）
突然降低一种液体烹煮的温度，同时加入一种液体或者固体食材。

熬稀（détendre）
在料理中加入一种液体使其变稀。

乳化（émulsionner）
用力搅拌料理，使其与空气混合。

上饰面（enrober）
用一种食材完全包裹另一种食材，厚度可大可小，作为保护或者装饰。

–

入模（foncer）

将面团放入模子。

–

勾芡（lier）

利用面粉、玉米粉、淀粉、油脂、蛋黄等配料，为果汁、肉汁或者酱汁增加厚度和稠度。

–

搅光（抹平）（lisser）

用搅拌机用力搅拌一种液体，使其变得光滑均匀，或者用刮铲涂抹一种料理的表面，使其平滑。

–

打发（monter）

搅拌一种食材或者料理，使其与空气混合，从而增加体积。

–

上镜面（napper）

用一种液体覆盖一种食材或者料理，使后者完全被包裹。

–

揉面（pétrir）

将不同配料混合，揉成光滑均匀的面团，根据揉面时间的不同可能膨胀。

–

焯水（用裱花袋挤）（pocher）

将食材放在热的液体中焯煮，或者倒在带裱花嘴的裱花袋里挤出做造型。

–

发面（pousser）

将面团放在较热的地方，使其膨胀。

–

收汁（réduire）

打开锅盖烹煮，减少液体的体积。

–

揉酥（sabler）

将几种食材的混合物揉成脆而易碎的状态。

–

收紧（serrer）

用力搅拌蛋清将其打发，同时慢慢放入砂糖，使蛋白变得坚实而均匀。

–

过筛（tamiser）

过滤去除结块，保留细腻均匀的粉剂。

附录

–

烘烤（torréfier）

干烤一种种子或者水果干，以便完整去皮。

–

冰激凌化（turbiner）

将冰激凌糊或者雪芭糊放在冰激凌搅拌机里搅拌，直至其凝固。

GLOSSA

厨房用具

–

喷枪

煤气喷枪，可以喷出火焰，用来将甜品焦糖化，将菜肴烤黄或者点燃，或者将肉烤成棕色。它是由喷嘴和煤气筒组成的。

–

漏勺和滤布

金属漏勺，用来过滤和筛取配料和料理。

–

小刀

刀刃短而尖的小刀。刀刃光滑锋利，可以用来切削、去皮、切片或者雕刻各种食材。

–

搅拌碗

半球形容器，通常为不锈钢制，在烹饪或者甜品制作中用于混合食材。其形状非常适合搅拌。

–

裱花嘴

裱花袋的尖端，有多种形状可选：圆形、斜切形、穿孔形等，有的带有锯齿。用于精确装饰各种食材。

–

打孔钳

金属或者塑料工具，有的带有锯齿，有多种形状和尺寸可选，用于"打孔"，也就是切割面团或者组装。

–

轧面机

由两个圆柱体组成的机器，可将面团拉长或者压薄。

–

切菜器

用于将食材切成均匀薄片的工具。

–

刮铲

硅胶制刮铲，用于将包含打发的蛋白等食材进行轻巧地混合。还可以用来从盘子里取出各种食材。

–

擦丝刨

果皮擦丝器，用于将果皮或者硬皮奶酪擦成细丝。

–

手持料理机

手持式料理机，用于打碎结块和成块的食材。由一根长柄和一个包含旋转刀头的搅拌头组成。

–

蛋糕刀

厨房用具，刀刃可短可长，刀头呈圆形或者方形，用于翻转食材，而不会将其损坏或者使其变形。

–

烘焙纸

带有薄薄一层硅的纸，能够承受高温，从而不使用油脂即可防止食材粘连。

–

喷雾气枪或喷枪

厨房用具，用来将食用色素或者饰面喷在蛋糕、巧克力和糖果等食品上。

按时间顺序排列的食谱列表

11H 11：00

7H 7：00

271

附录

iNDEX

食谱索引

PAPAR ORDRE

273

附录

A

ALPHABĒTiQUᴲ
H

I

按照食谱种类
排序的食谱列表

'D
-
INDEX

TYPE
PAR

275

附录

S

DE

REGETTES T

食材索引

iNDEX

DES

S

PRODUiTS

附录

P R PRODUiTS

o i

传记

自2012年担任巴黎莫里斯酒店首席甜品师的塞德里克·格罗莱（Cedric Grolet），从13岁起跟随在一家大酒店做厨师的祖父开始制作糕点。出于对甜品世界的迷恋，他经过两年的学习获得甜品师专业技能合格证书（CAP），随后又在伊桑若（Yssingeaux）取得职业技术文凭（BTM）。

2006年，他怀揣文凭前往巴黎，开始在著名的馥颂甜品店（Fauchon）工作。这段经历对他而言非常关键，而且获益良多，使他提高了技术，增长了经验，尤其是他有幸共事的三位大厨克里斯多夫·阿达姆（Christophe Adam）、博努瓦·古弗朗（Benoît Couvrand）、克里斯多夫·阿佩尔（Christophe Appert），他们分别以不同的方式对他的甜品制作风格造成影响。五年之后，他展翅飞向新的天地，在雅尼克·阿雷诺（Yannick Alléno）和卡米耶·勒塞克（Camille Lesecq）的邀请下加入莫里斯酒店，并且跟随两人学会严格要求自己，同时认识到甜品师理解味道的重要性。2012年，阿兰·杜卡斯（Alain Ducasse）来到莫里斯酒店，而这也是塞德里克事业的一大转折点。27岁的他在这家世界闻名的巴黎顶级酒店获得首席甜品师的职位。他辛勤工作，在阿兰·杜卡斯的不断挑战下完善自己，始终追求准确的味道，从而很快被同行和大众公认为年轻一代当中极有前途的甜品师之一。从2015年起，他的努力开始结出果实，收获众多业内重量级的头衔和奖项，直至2018年登顶世界五十最佳协会（World's Fifty Best）颁发的世界最佳甜品师这一终极荣誉。塞德里克·格罗莱对于甜品的热情同样通过传播和交流的意愿显露无遗。几年以来，他走遍全世界举办大师班，传授甜品的制作工艺。2017年，他出版了自己的第一本书——与大众分享甜品食谱的《水果进行曲》（Fruits），大获成功。2018年，位于莫里斯酒店的塞德里克·格罗莱甜品店（Pâtisserie du Meurice par Cédric Grolet）开业，店里包含一个专门用于大厨进行创作的专属空间。今天，他已功成名就，却仍渴望新的冒险，于是推出第二本著作，书名简约，就叫《人气甜品师的极简烘焙创意：名店Opera的甜品精选》，与他2019年末开张、位于巴黎歌剧院广场的第二家甜品店同名。

—

塞德里克·格罗莱的几个关键日期

1985年：出生于圣埃蒂安市（Saint-Etienne）附近的菲尔米尼镇（Firminy）

2000年：开始学习甜品师专业技能合格证书课程

2006年：成为馥颂甜品店的学徒

2011年：成为莫里斯酒店的副主厨

2012年：晋升为莫里斯酒店的首席甜品师

2015年：被《厨师》（Le Chef）杂志评为年度最佳厨师

2016年：被甜品驿站（Les Relais desserts）网站评为年度最佳厨师，被里昂白帽子厨师协会（Les Toques blanches）评为年度最佳厨师

2017年：被世界美食节（Omnivore）评为年度最佳厨师，在纽约获得世界最佳甜品师称号

2018年：被世界五十最佳协会评为世界最佳甜品师

2019年：获得巴黎市政府红宝石（Grand Vermeille）奖章以及奢侈品创意协会（Centre du Luxe et de la Création）天赋金奖（talent d'or）

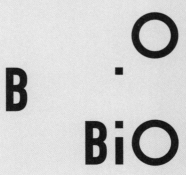

致谢

感谢我的厨师祖父教我学会做事严谨，感谢我的艺术家兼画家外祖父将创造力遗传给我；

感谢我的妈妈和爸爸给我的教育以及教我尊重自然，使我今天能够制作出所有这些丰富多彩的美好甜品；

感谢约翰（Yohann）、阿丽塔（Ariitea）、塞巴斯蒂安（Sébastien）和马修（Mathieu）对我的信任，没有他们，这本书便无法面世；

感谢我的两位守护天使——卡米尔（Camille）和玛丽（Marie）——每日的和蔼可亲；

感谢关心设计（Soins graphiques）、奥蕾莉（Aurélie）、卡米尔（Camille）和皮埃尔（Pierre）在这段崭新冒险中所付出的卓绝天分、辛勤工作以及温暖陪伴；

感谢菲利普·瓦莱斯·桑塔玛利亚（Philippe Vaurès Santamaria）将我制作的甜品转化为精彩照片的天才；

感谢阿兰·杜卡斯出版社，尤其是杰西卡（Jessica）和弗朗辛（Francine）精心的排版；

感谢阿兰·杜卡斯一路的亲切陪伴；

感谢莫里斯酒店总经理弗兰卡·霍特曼（Franka Holtmann）的信任；

感谢德拉伊（Delahaye）先生的宝贵建议；

感谢内奥里特（Néolith）在我完成所有项目期间的陪伴，无论他们有多疯狂。

MERCI

图书在版编目（CIP）数据

人气甜品师的极简烘焙创意：名店Opera甜品精选／（法）塞德里克·格罗莱
(Cedric Grolet) 著；王文佳译．—武汉：华中科技大学出版社，2020.9
　ISBN 978-7-5680-6439-2

Ⅰ.①人… Ⅱ.①塞… ②王… Ⅲ.①甜食－制作 Ⅳ.①TS972.134

中国版本图书馆CIP数据核字（2020）第153073号

Title: Opéra by Cédric Grolet © Ducasse Edition, 2019

Simple Chinese Character rights arranged with LEC through Dakai - L'Agence

本作品简体中文版由Ducasse社授权华中科技大学出版社有限责任公司在中华人民
共和国境内（但不含香港、澳门和台湾地区）出版、发行。

湖北省版权局著作权合同登记　图字：17-2020-138号

人气甜品师的极简烘焙创意：
名店Opera甜品精选
　　　　　　　　　　　　　　　　[法] 塞德里克·格罗莱（Cedric Grolet）著
Renqi Tianpinshi de Jijian Hongbei Chuangyi:　　　　　　　　　　　　王文佳 译
Mingdian Opera Tianpin Jingxuan

出版发行：华中科技大学出版社（中国·武汉）　　　电话：(027) 81321913
　　　　　北京有书至美文化传媒有限公司　　　　　　(010) 67326910-6023
出 版 人：阮海洪

责任编辑：莽　昱　谭晰月
责任监印：徐　露　郑红红　　　　　　　　　　封面设计：邱　宏

制　　作：邱　宏
印　　刷：广东省博罗县园洲勤达印务有限公司
开　　本：787mm×1092mm　　1/16
印　　张：17.75
字　　数：57千字
版　　次：2020年9月第1版第1次印刷
定　　价：168.00元